일어날 일은 일어난다

일어날 일은 일어난다

박권 지음

양자역학,
창발하는 우주,
생명,
의미

동아시아

"삶, 우주, 그리고 모든 것의
궁극적인 질문에 대한 답은……"

…

"그 답은……"

— 더글러스 애덤스, 『은하수를 여행하는
히치하이커를 위한 안내서 *The Hitchhiker's Guide to the Galaxy*』

추천의 글

근본 물리를 연구하는 사람들은 '모든 것의 이론'을 가끔 언급한다. 이것은 세상을 이루는 모든 입자를 분류하고 그것들 사이의 상호작용을 기술하는 이론을 이야기한다. 입자 물리학자들이 사용하는 '표준 모형'은 이것의 상당 부분을 정립하지만 시공간 그 자체의 구성 요소를 파악하지는 못한다. 즉, 우주 안에 있는 물체들의 이론은 있지만 그것을 우주 자체의 이해와 융합시키지 못한 상태다. 여기서 이야기하는 이론이란 세상의 양자역학적인 묘사를 의미한다는 입장이 이 책에 여러 번 강조되어 있고, 그런 과학적 체계의 근본적인 성질을 설명하는 것이 책의 목적이기도 하다.

그러나 염원하는 융합이 이루어지면 과연 진정 '모든 것'을 이해하게 될까? 박권 교수는 이 책의 시작 부분에서 상당히 어려운 핵심 질문을 던진다. "우리는 왜 존재하는가?"

따라서 당연히 모든 것의 이론이 이 질문에 대한 답을 줄 수 있는 가능성을 타진해 보고 싶어진다. 그러다 보면 물리학자의 '모든 것'에 우리 삶의 주요 요소들, 가령 희로애락과 사랑, 인생의 의미 등이 포함되어 있을까 궁금해진다.

생물학자 프랑수아 자코브는 「진화와 땜질」이라는 에세이에서 작은 질문의 중요성을 강조했다. 즉, 현대 과학은 큰 질문에 대한 집착을 구체적인 질문에 대한 관심으로 대체하면서 진전했다는 것이다. 그 전략 중 일부가 '왜'를 캐묻는 질문을 '어떻게'라는 질문으로 바꾸는 것이고, 박 교수는 이 방법을 선호한다는 입장을 일찍이 밝힌다. 그렇기 때문에 이 책은 '존재는 어떻게 구성되어 있는가'에 대한 흥미

진진한 스토리를 전개한다.

박 교수는 물질의 물리학에 대한 세계적인 권위자여서 이런 내용을 설명할 만한 지적 배경을 너무나도 풍부하게 보유하고 있다. 특히 '21세기의 전자 혁명'을 일으킬 만한 '위상 물질' 이론의 전문가다. 그러나 그와 동시에 그는 철학자이자 영화 전문가이고 탁월한 문장력의 소유자다. 더군다나 고등과학원 동료로서 세상의 어떤 주제에 대해서라도 언제든지 이야기를 나누고 같이 사고할 준비가 되어 있는 친절한 대화가다. 어쩌면 그보다도 더 중요하게 박 교수는 '인간적인, 너무나 인간적인' 감수성의 소유자다. 따라서 이 책은 사회와 삶에 대한 열정을 섞음으로써 지성의 세계를 살아나게 하는 멋진 글로 가득하다.

'왜'보다 '어떻게'를 묻는 것이 문제를 해결해 주지 못한다는 사실을 박 교수 자신이 너무나 잘 알고 있다. 어떤 독자는 핵심 질문에 대한 답이 책 어디에 나오는가 궁금할 것이다. 그런데 알고 보면 책 전체에 질문에 대한 답이 교묘하게 녹아들어 가 있다. 책에는 세상의 구성에 대한 과학적 고찰이 기쁨과 고난의 개인적인 경험의 기록과 교묘하게 엮여 있다. 나는 이런 스타일의 선택을 상당히 의아하게 생각하던 중 인생의 중요한 질문들에 대한 박 교수 자신의 답변이 미로 속의 실오라기처럼 책의 모든 문장 사이를 지나간다는 사실을 어느 순간 파악했다.

어떤 분야의 어느 과목을 가르치더라도 학생의 질문에 답을 주는 방법에는 두 가지가 있다. 하나는 이론적인 프레임에 기반을 둔 연역적인 설명을 하는 것이고, 또 하나는 일종의 경험적인 예를 통해서 답을 그야말로 보여주는 것이다. 그런데 가장 중요한 큰 질문들은 답의 밑천이 될 만한 (유한한) 이론적 기반을 상정할 수 없다. 따라서 이 책은 수많은 구체적인 사례를 통해서 독자에게 존재의 의미를 보여준다.

독자는 현대물리학의 근간, 물질의 구성, 컴퓨터의 실체에 대한 재미있는 이야기를 읽으면서 인간 박권의 마음속 깊이 숨어 있는 삶의 수수께끼를 풀어가는 즐거움을 느낄 것이다. 읽고 생각하고 탐구하면서 우주와 물리와 인생의 모험을 한껏 경험하기를 바란다.

김민형, 에든버러 국제수리과학연구소 소장, 『수학이 필요한 순간』 저자

현대물리학의 새로운 관점인 다체 양자장 이론을 배경으로, 영화, 개인적인 일화, 정보 과학 그리고 철학을 한데 녹여내 다양한 관점을 연결한 역작이다. 교과서에 갇혀 있지 않은, 현대 양자 물리학이 제시하는 생생한 세계관을 저자의 독특한 시선을 통해 만나볼 수 있다. 저자가 직접 그린 그림들이 이색적인 매우 흥미로운 책이다.

김필립, 하버드대학교 물리학과 교수

21세기는 바야흐로 양자 문명의 시대다. 이 책은 양자역학에 대한 최고의 설명서다. 저자는 인류 문명의 최고의 전문 지식을 놀랍도록 평이한 언어로 독자들에게 전달하는 데 성공했다. 이 책은 또한 자아와 존재에 대한 저자의 깊은 사유가 녹아 있는 철학 책이기도 하다. 양자 문명 시대의 필독서로 모든 분에게 추천한다.

방윤규, 포항공과대학교 물리학과 교수, 아시아태평양이론물리센터 소장

박권 교수의 『일어날 일은 일어난다』는 단순한 교양 과학 책이 아니다. 양자역학을 중심으로 여러 과학 분야를 두루 섭렵하면서 깊은 철학적 질문을 던지는 야심작이다. 생각할수록 참으로 이상하고 신기한 양자역학의 의미를 다각도에서 되씹으면서 세상의 모든 것이 어떻게, 왜 존재하는가를 고찰한다. 이 엄청난 탐험은 저자의 진심 어린 자서전적 회고로부터 시작된다. 왜 나의 인생은 이런 모양일까 하고 묻기

시작해서, 자연이 돌아가는 깊은 이치를 탐구하는 물리학에 도달한다. 이 물리학을 제대로 이해하려면 공식을 푸는 것만으로는 부족하다. 겉으로 보기에는 말이 안 되는 듯해도 실험적으로 철저히 검증된 그 미묘한 내용들을 어떻게 이해하고 내 것으로 소화해 낼 것인가. 박권 교수의 능숙한 안내를 받으며 따라가다 보면 시간 가는 줄 모르고 책장을 넘기게 된다.

책을 보면서 여러 번 놀라고 감탄했다. 진지한 독자들을 위해 어려운 첨단 물리학의 내용도 차근차근 공식까지 친절히 유도해 가며 설명한다. 그것이 어느 훌륭한 교과서보다도 더 치밀하고 섬세하다. 또 그런 기술적인 내용을 모두 따라가지 않더라도 굵직한 내용은 이해할 수 있다. 가장 중요한 아이디어들은 공상과학소설이나 영화 이야기까지 동원해서 직관적으로 이해시키며, 여러 각도에서 과학 지식이 인간의 삶에 어떤 의미를 가지는지를 전달해 준다. 과학사와 철학에 대한 저자의 식견도 믿기 힘들 정도의 수준이다.

또 한 가시 기쁜 것은 국내에서 우리말로 쓰인 역작이 탄생했다는 점이다. 우리가 한국에서 접하는 훌륭한 과학 책들은 지금까지 대부분이 외국 책을 번역한 것이었다. 번역가들의 부단한 노력에도 불구하고 뜻이 완벽히 전달되기는 힘들다. 우리 독자들이 처음부터 우리말로 제대로 쓰인 이런 책을 맛볼 수 있게 되었다는 것은 대단히 고무적인 일이다.

장하석, 케임브리지대학교 과학사 및 과학철학 석좌교수, 『온도계의 철학』 저자

어렸을 때 우리 집은 아주 가난했다. 언제부터였는지 기억나지는 않지만 내 기억으로 우리 집은 항상 가난했다. 그중에서도 가장 어려웠던 시기가 있었는데, 내가 고등학생이 되던 해였다.

아버지는 오랫동안 지속된 사업 실패의 여파를 감당하지 못하시고 새로운 돌파구를 마련하고자 미국으로 혼자 이민을 떠나셨다. 그후 여동생과 나를 포함한 가족의 생계는 어머니가 홀로 책임지셨는데, 그 자체로도 이미 위태로운 삶이었다.

하지만 엎친 데 덮친다고, 그해 여름 어머니는 원인이 명확하지 않은 신장 문제로 쓰러지셨다. 그때는 병원비는 고사하고 하루하루 끼니를 걱정해야 했던 터라, 어머니의 병을 도저히 감당할 수 없었다. 다행히 어머니는 어느 수녀원에서 운영하는 자선병원에 무료로 입원하실 수 있었지만, 집에는 고등학교 1학년인 나와 중학교 2학년인 여동생, 이렇게 둘만 남게 되었다.

나는 이 모든 상황을 이해할 수 없었다. 어린 마음에 왜 내 삶만 이렇게 힘들까 하고 절망했다. 화가 났고 눈물이 흘렀다. 그저 이런 상황을 부정하고만 싶었다. 그러고는 어머니가 입원해 계신 병원을 한 달이 지나도록 찾아가지 않았다. 어머니는 무척 상심하셨지만, 아마도 병원에 입원해 계신 어머니의 모습을 보고 더 깊은 나락에 빠지고 싶지는 않았던 듯하다.

하지만 나는 결국 마음을 돌려 병원을 향했다. 병원은 방문 시간을 엄격하게 제한하는 곳이었기에 방문 시간에 맞추어 병원을 찾았다. 병실에 계신 어머니를 보자 죄책감이 밀어닥쳤고, 마음이 무겁게 내려앉았다.

이런저런 얘기를 하시다가, 어머니는 귤이 드시고 싶다고 하셨다. 귤을 사러 병원 밖으로 나가면 방문 시간 안에 다시 돌아오기 힘든 시각이었다. 하지만 어머니의 사소한 부탁을 들어드리지 않을 수 없었다. 경비 아저씨에게 사정이라도 하면 병원에 다시 들어오는 것쯤은 문제없을 듯했다.

하지만 귤을 사고 병원에 들어서자, 경비 아저씨가 길을 막아섰다. 아무리 애원해도 그는 병원의 규정상 들여보낼 수 없다는 말만 반복했다. 나는 경비 아저씨에게 귤이라도 어머니 병실로 들여보내 달라고 부탁하고, 어쩔 수 없이 발길을 돌렸다. 버스를 타려고 큰길로 나서자 갑자기 너무 슬퍼졌다. 주변의 후미진 골목으로 들어가, 나는 몰래 흐느껴 울었다.

하늘은 맑았지만 어두웠다. 세상에 내 뜻대로 되는 게 아무것도 없는 것만 같았다. 어떻게 살아가야 할지도 막막했다. 존재한다는 것은 도대체 무엇이기에, 사는 것이 이토록 어려운 것일까?

·· 존재의 의미 ··

『이기적인 유전자 *The Selfish Gene* 』의 저자로 유명한 리처드 도킨스 Richard Dawkins 는 다음과 같이 말했다.

> "우리는 유전자라는 이기적인 분자를 보존하도록
> 맹목적으로 프로그래밍된 생존 기계이자, 운반자로서의 로봇이다."

이 말은 매우 비정하게 들릴 수 있으나, 어찌 보면 묘하게도 참 위로가 되는 말이다. 이 말에 따르면, 우리가 어떤 고귀한 목적을 이루려고 존재하는 것이 아니기 때문이다. 우리는 그저 존재하기 위해 존재할 뿐이다. 그렇다면 단지 존재하는 것만으로도 이미 주어진 소임을 다한 것이다.

물론, 존재의 의미라는 어려운 문제를 이렇게 쉽게 피해 가는 것은 무모한 일이다. 잘 알고 있듯이, 고대로부터 인류는 이 문제에 대한 답을 얻으려고 부단히 노력해 왔으며, 그 노력은 지금까지도 계속되고 있다. 존재의 의미에 관한 질문을 다른 말로 풀어보자.

우리는 왜 존재하는가?

이 질문에 답하기 어려운 이유는 그것의 답이 가치 판단에 의존하기 때문이다. 그리고 가치 판단은 개인의 철학적·종교적인 관점에 의

존할 수밖에 없다. 철학과 종교가 아닌 과학은 이 질문에 과연 어떤 답을 내놓을까? 거칠게 말해서, 과학은 '왜why'가 아닌 '어떻게how'를 묻는다. 즉, 우리는 어떻게 존재하는가?

재미있는 것은 '어떻게'를 계속 묻다 보면, 점점 '왜'에 가까워진다는 사실이다. 예를 들어, 과학은 부모의 형질이 자식에게 어떻게 유전되는지를 묻는다. 이 질문에 대한 답은 유전자다. 그리고 나서 과학은 유전자가 개별 생명체의 형질을 어떻게 담아내는지를 묻는다. 답은 DNA다. 그다음으로 과학은 DNA가 애초에 어떻게 발생할 수 있었는지를 묻는다. 이 질문에 대한 답은 이른바 '생명의 기원origin of life'이라고 불린다.

물론 우리는 아직 생명의 기원에 대해 정확히 알지 못한다. 그럼에도 생명의 기원이라는 질문을 어떻게 던져야 하는지 안다는 것만으로도, 분명 우리는 왜 존재하는가에 대한 답에 한 걸음 더 가까이 다가섰다고 말할 수 있다.

이렇게 '어떻게'라는 질문의 사슬을 타고 내려가다 보면 결국 무엇을 만나게 될까? 우리는 물리학, 특히 양자역학quantum mechanics을 만나게 된다.

양자역학에 따르면, 모든 것은 파동wave이다. 아니, 엄밀히 말하자면 모든 것은 파동이면서 입자particle다. 참고로, 이러한 현상을 전문적으로 '파동-입자 이중성wave-particle duality'이라고 부른다. 파동-입자 이중성과 같이 이상한 현상은 도대체 어떻게 그리고 왜 나타나는 것일까?

지구가 멸망해도 사라지지 않을, 단 하나의 문장

노벨 물리학상에 빛나는 리처드 파인먼Richard Feynman이 남긴 유명한 질문이 있다. "만약 어떤 커다란 재앙이 일어나, 모든 과학적 지식이 사라지고 단 한 문장만을 다음 세대에게 전달할 수 있다면, 가장 적은 낱말로 가장 커다란 정보를 담을 수 있는 문장은 무엇일까?" 파인먼은 다음과 같이 답했다.

"모든 것은 원자로 이루어져 있다."

파인먼은 왜 이렇게 생각했을까? 이 문장은 우주에 무수히 다양한 물질이 존재할지라도 그러한 다양성을 관통하는 하나의 보편적인 사실이 있다고 말해준다. 바로 원자atom의 존재 말이다. 보편성universality 이야말로 과학의 핵심 가치임을 감안할 때, 원자의 존재를 말해주는 위 문장은 지구가 멸망할 때 남겨야 할 단 하나의 문장으로 손색이 없다.

다만, 원자는 예상과 달리 존재하기 힘들다. 고대부터 상당히 오랫동안 물질은 절대로 깰 수 없는 순수한 결정체로 구성된다고 여겨졌는데, 바로 이 결정체가 원자. 물론 현대적인 관점에서 원자는 복잡한 내부 구조를 가지고 있다. 간단하게 말해, 원자란 원자핵과 그 주위를 도는 전자들로 이루어진 작은 태양계다.

먼저, 원자핵은 양성자proton와 중성자neutron로 이루어져 있다. 조금 더 자세하게 말하면, 원자핵을 구성하는 양성자와 중성자는 약력weak force이라는 힘을 통해 가끔씩 방사성 붕괴를 겪기도 하지만, 기본적으로 강력strong force이라는 힘에 의해 강하게 묶여 있다. 따라서 대부분의 상황에서 원자핵은 내부 구조를 가지지 않는 하나의 점과 같은 입자로 생각할 수 있다.

전자들은 그런 원자핵 주위를 전자기력electromagnetic force이라는 힘에 이끌려 돌고 있다. 거칠게 말해서, 주어진 원자의 물리화학적 성질은 그 안에 몇 개의 전자가 있으며, 그 전자들이 어떤 궤도orbit로 돌고 있는가에 따라 거의 대부분 결정된다. 그리고 이렇게 물리화학적 성질이 결정된 100여 개 남짓의 원자들은 다양한 방식으로 서로 결합해 무궁무진한 물질 상태를 만들어 낸다.

그런데 원자에 관한 이 그럴듯한 아이디어에는 매우 중대한 문제가 하나 숨어 있다. 즉, 원자 속의 전자가 정말 태양계의 행성처럼 원자핵 주위를 돈다면, 전자는 머지않아 원자핵 속으로 떨어지고 말 것이다. 이는 마치 인공위성이 공기와의 마찰로 인해 결국 지구로 떨어지는 것과 유사하다.

그런데 전자는 인공위성과 비교할 수조차 없을 만큼 상황이 훨씬 더 심각하다. 원자 속 전자는 아주 빠르게 회전하며, 이로 인해 발생하는 전자기파electromagnetic wave가 전자의 운동 에너지kinetic energy를 급속도로 소진시킬 것이기 때문이다. 비유적으로 말해, 원자 속 전자는 아주 강력한 안테나나 다름없다.

이렇게 운동 에너지를 잃어버리는 전자는 원자핵 속으로 얼마나 빨리 떨어질까? 놀라지 마시라. 고전역학classical mechanics 및 전자기학electromagnetism에 기반한 계산에 따르면, 전자는 약 10피코초picosecond, 즉 1,000억 분의 1초 만에 원자핵으로 떨어진다. 대재앙이다! 만약 이것이 사실이라면, 원자는 거의 존재하지 않는 것이나 다름없다. 그렇게 되면 우리는 물론이고, 우주도 존재할 수 없다.

어떻게 원자를 구할 수 있을까?

답은 바로, 앞서 언급한 파동-입자 이중성이다. 양자역학은 전자가 어떻게 원자 안에서 운동 에너지를 잃어버리지 않으면서 안정적인 '궤도'를 돌 수 있는지 알려준다. 아니, 사실 전자는 궤도를 돌지 않는다. 궤도는 순전히 고전역학적인 개념이다. 실제 전자는 파동처럼 공간에 퍼져서 진동한다. 그리고 양자역학은 이러한 전자의 파동이 공명resonance을 일으킬 때 원자가 안정적인 상태를 이룰 수 있다고 말해준다. 비유적으로, 전자의 파동은 전자가 마치 구름처럼 원자핵 주변에 퍼져 출렁거리는 것으로 상상할 수 있다. 이러한 전자의 구름이 공명을 일으키면 원자가 안정화되는 것이다. 참고로, 실제 물리학자들도 때때로 전자의 파동을 '전자 구름electron cloud'이라고 부른다.

잠깐, 그런데 공명이란 무엇인가? 공명의 한 가지 예로, 유리병 입구에 입술을 대고 적절하게 소리를 내면 유리병 전체가 흔들리며 소리가 증폭되는 현상을 들 수 있다. 조금 더 전문적으로 설명하면 다음과 같다. 우선, 각각의 유리병마다 '고유 진동수 natural frequency'라고 불리는 특정한 진동수가 존재한다. 따라서 공명이란 유리병 입구로 흘러 들어간 소리의 진동수가 유리병의 고유 진동수와 일치하게 되면 유리병이 크게 흔들리는 현상이다. 참고로, 공명을 일으키는 소리, 즉 파동을 '정상파 standing wave'라고 부른다.

정리하면, 원자란 원자핵과 전자가 만들어 내는 공명 현상이다. 하나의 원자 속에 여러 개의 전자들이 들어 있다면, 모든 전자가 협동하며 화음을 만들어 낼 때 원자는 안정화된다.

좋다. 모든 것이 파동이라는 말이 조금 이상하게 들리지만, 원자를 구할 수 있다고 하니 일단 받아들이자. 전자의 파동이 정확히 무엇인지는 모르겠지만, 구름처럼 퍼져서 출렁거리는 어떤 것으로 상상해 볼 수도 있을 듯하다. 그런데 이렇게 은근슬쩍 넘어갈 수는 없는데, 전자의 파동이 실제로는 훨씬 더 이상하기 때문이다.

믿기 힘들 만큼 이상하지만 놀랍도록 아름다운

양자역학은 믿기 힘들 만큼 이상하다. 양자역학에 따르면, 우주의 모든 것은 입자이면서 파동이다. 조금 더 엄밀하게 말해, 입자는 그 자체로 점과 같지만 그것의 위치는 파동처럼 공간에 퍼져 있다. 이러한 파동을 기술하는 함수는 '파동 함수 wave function'라고 한다.

파동 함수는 입자가 주어진 위치에 존재할 확률을 알려준다. 우리가 알 수 있는 것은 바로 이 확률뿐이다. 아무리 노력해도, 그 이상을 아는 것은 근본적으로 불가능하다. 언뜻, 이는 양자역학의 한계로 보인다. 하지만 아이러니하게도, 바로 이 한계 덕분에 양자역학이 기술하는 우리 우주가 놀랍도록 아름다워진다.

어떻게? 양자역학이 가진 아름다움의 핵심은 놀랍게도 파동 함수 자체가 확률이 아니라는 점에 기인한다. 파동 함수는 평범한 숫자로 이루어진 함수가 아니다. 여기서 '평범한 숫자'는 바로 실수$^{real\ number}$를 의미한다. 파동 함수 자체가 확률이라면, 파동 함수는 0과 1 사이의 실수일 것이다. 그런데 파동 함수는 실수뿐만 아니라 허수$^{imaginary\ number}$라는 숫자를 하나 더 가지고 있다. 허수는 문자 그대로 해석하면 '상상의 수'다. 허수가 이러한 이름을 가지게 된 이유는 제곱했을 때 음수가 되는 기묘한 성질 때문이다.

다시 말해, 파동 함수는 실수와 허수라는 두 수로 이루어진 함수다. 이렇게 실수와 허수 성분을 가지는 특별한 수를 '복소수$^{complex\ number}$'라고 부른다. 복소수는 문자 그대로 해석하면 '복잡한 수'다. 그리고 확률은 복소수인 파동 함수의 실수와 허수 성분을 각각 제곱한 후에 합한 값이다.

앗, 여기서 질문 하나. 확률만이 우리가 알 수 있는 전부라면 파동 함수는 도대체 왜 필요한 것일까? 다시 말해, 확률이라는 단 하나의 수만 있으면 되지, 왜 굳이 파동 함수라는 두 수가 필요한 것일까?

왜인지는 아직 아무도 정확히 모른다. 다만, 우리 우주가 현재 우리가 아는 형태로 존재하려면 확률과 파동 함수, 둘 다 필요하다. 확률만이 측정 가능할지라도, 파동 함수가 존재해야 한다는 사실이 우리 우주에 존재하는 모든 근본적인 힘의 작동 원리이기 때문이다.

무슨 이야기인가? 우리 우주에는 네 가지 근본적인 힘이 있다. 바로 중력gravitational force, 전자기력, 약력, 강력이다. 중력은 일상에서 느껴지는 가장 친숙한 힘이다. 전자기력, 약력, 강력은 앞서 원자에 대해 이야기할 때 짧게 언급했다. 아직 중력에 대해서는 완벽하게 증명되지 않았지만, 이 네 가지 근본적인 힘은 모두 하나의 원리에 의해 기술된다고 믿어진다. 그것은 바로 게이지 대칭성gauge symmetry의 원리다.

거칠게 말해, 게이지 대칭성의 원리란 바로 앞서 언급한, 파동 함수는 존재하지만 실제로 측정 가능한 것은 확률뿐이라는 원리다. 약간 시적으로 표현하자면, 파동 함수가 존재하되 겉으로 드러나서는 안 된다는 원리다. 게이지 대칭성의 원리가 근본적인 힘의 원리를 정확히 어떻게 제공하는지는 앞으로 이 글을 통해 더 자세히 이야기하게 될 것이다.

그런데 잠깐, 이것이 끝이 아니다. 사실, 게이지 대칭성의 원리가 완벽하게 유지되면 심각한 문제가 발생한다. 우주의 모든 물질이 질량을 가질 수 없기 때문이다. 게이지 대칭성은 깨져야 한다. 그것도 자발적으로 깨져야 한다. 참고로, 게이지 대칭성의 자발적 깨짐을 전문적으로 '힉스 메커니즘Higgs mechanism'이라고 한다. 게이지 대칭성의 자발적 깨짐이 정확히 무엇인지, 그리고 우주의 모든 물질에 어떻게 질량을 주는지도 앞으로 이 글을 통해 자세하게 이야기할 것이다.

생각하면 생각할수록 양자역학은 참으로 묘하다.

모든 것은 입자이면서 파동이다. 전자의 파동은 공명을 일으킴으로써 원자를 안정시킨다. 하지만 전자의 파동을 기술하는 파동 함수는 직접 겉으로 드러나서는 안 된다. 실제로 측정 가능한 것은 파동함수가 아니라 확률이다. 그런데 묘하게도 바로 이 사실이 힘의 원리를 제공한다.

하지만 파동 함수는 그 모습을 완전히 감추지 않는다. 우주의 모든 물질이 질량을 가지려면, 파동 함수가 단순한 확률이 아니라 복소수로 그 모습을 드러내야 한다. 결론적으로, 양자역학은 파동 함수의 존재라는 단 하나의 사실로부터 우리 우주를 지탱하는 모든 힘과 질량의 원리를 준다. 믿기 힘들 만큼 이상하지만 놀랍도록 아름답지 않은가?

·₊· 우리의 여행 ·₊·

우리는 여행을 떠날 것이다. 이 여행은 양자역학이라는 믿기지 않을 만큼 이상한 가이드가 담당할 것이다. 그리고 양자역학의 명성답게 우리의 여행도 믿기 힘들 만큼 이상할 것이다. 하지만 우리는 이 이상한 여행에서 놀랍도록 아름다운 우리 우주의 숨겨진 모습을 보게 될 것이다.

물론 그 여정이 그리 쉽지는 않을 것이다. 양자역학이 이끄는 여행은 시야를 가리는 협곡으로 둘러싸인 좁고 가느다란 길을 따라서 펼쳐질 것이기 때문이다. 그럼에도 불구하고, 우리의 여행을 통해 최대한 많은 이들이 이 협곡 사이로 드러나는 숨 막히도록 아름다운 우리 우주의 모습을 조금이나마 엿보기를 바란다. 그리고 나면 우리가 존재하는 것이 무엇인지도 조금은 깨달을 수 있지 않을까?

자, 이제 우리의 여행을 떠나보자.

Contents

1장

파동

: 확률에 관하여

Wave: On the Probability

여기 기로에 선 남자가 있다. 이 남자는 비행기 고장으로 태평양 한복판에 추락했으나 구사일생으로 살아남았다. 하지만 살았다는 기쁨도 잠시, 그는 파도에 휩쓸려 들어온 무인도에서 혼자 생존하는 법을 배워야 했다. 그리고 그렇게 4년 동안 무인도에 갇혀 있다가, 우여곡절 끝에 배를 만들어 탈출한다.

무인도에서의 삶은 희망이 없었다는 점에서 말 그대로 절망적이었다. 그는 절망적인 삶을 스스로 끊어버리고도 싶었으나 삶의 의지는 생각보다 모질었고, 그에게는 아직 세 가닥의 희망이 남아 있었다.

첫 번째 희망의 끈은 고향에 두고 온 애인이었다. 두 번째 희망의 끈은 어느 날부터 친구처럼 말을 걸기 시작한 배구공이었다. 그리고 마지막 세 번째 희망의 끈은 천사 날개가 그려진 배달 상자였다.

참, 이 남자는 페덱스라는 글로벌 배송 회사의 직원이었다. 그래서 그는 4년이라는 시간 동안 그와 함께 추락한 배달 상자 속의 각종 물건들을 요긴하게 쓸 수 있었다. 하지만 하나의 상자만은 이상하게도 뜯고 싶지 않았는데, 그것이 바로 천사 날개가 그려진 상자였다. 이 상자만은 원래 수취인에게 안전하게 전달되기를 바랐다.

　세 가닥의 희망의 끈 중에서 첫 번째와 두 번째는 남자를 살렸지만, 그가 섬을 탈출하자 이내 과거가 되어버린다. 먼저, 첫 번째 희망의 끈인 애인 켈리는 남자가 이미 죽은 것으로 생각해 다른 남자와 결혼했고 딸을 낳아 새 삶을 살고 있었다. 켈리에게는 그를 사랑하는 마음이 남아 있었지만, 그녀는 가정을 버릴 수 없었다. 남자도 켈리의 새 삶을 망치고 싶지는 않았다. 그렇게 첫 번째 희망의 끈은 과거가 된다.

　두 번째 희망의 끈은 남자가 섬을 탈출하는 도중 사라진다. 배구공 윌슨이 남자가 섬에서 지내며 마치 살아 있는 친구인 양 대화를 나눌 수 있는 유일한 대상이었지만, 그가 섬을 탈출해서 망망대해를 표류하던 중 그만 바다에 빠지고 만 것이다. 남자는 윌슨을 건지기 위해 뒤늦게 바다로 뛰어들지만, 윌슨은 이미 너무 멀리까지 떠내려간 뒤였다. 윌슨과 그는 그렇게 헤어지게 된다.

　다행히 마지막 세 번째 희망의 끈은 첫 번째와 두 번째와 다르게 미래가 된다. 남자는 켈리와 헤어진 다음에 천사 날개가 그려진 상자를 배달하기 위해 상자 곁면에 쓰인 주소로 찾아간다. 텍사스의 외진 황야에 홀로 서 있는 어느 집의 마당에 천사 날개로 만들어진 다양한 미술 작품들이 놓여져 있었다. 하지만 집에는 아무도 없었고, 남자는 상자와 함께 짧은 메모를 남긴다. '이 상자는 제 인생을 구했습니다. 고맙습니다. 척 놀랜드.'

　집에서 돌아 나오는 길에 척은 기로에 선다. 그리고 황량한 벌판에서 어느 길로 갈지 지도를 펴고 고민한다. 이때 한 여자가 트럭을 타고

그림 1 영화 〈캐스트 어웨이〉에서 기로에 선 주인공

다가오는데, 그녀는 척에게 길을 잃은 것처럼 보이는데 어디로 가느냐고 묻는다. 척은 어디로 갈지 고민하고 있는 중이라고 대답한다. 이에 여자는 기로에 나 있는 길이 각각 어디로 이어지는지만을 설명하고 떠난다. 그런데 떠나는 트럭의 뒷면에 천사 날개 그림이 붙어 있는 것이 아닌가! 척은 기로에 나 있는 길들을 하나씩 쳐다보다가 여자가 향한 길을 지긋이 바라본다. 그리고 바람이 분다.

이 글을 읽고 있는 많은 이들이 벌써 알아차렸겠지만, 이는 영화 〈캐스트 어웨이Cast Away〉의 내용이다. 사람은 누구나 척처럼 어느 순간 기로에 서게 된다. 길을 선택하는 것이 어렵다고 기로에 무작정 계속 서 있을 수는 없다. 언젠가는 갈림길 가운데 하나를 선택해 걸어가야만 한다. 하지만 그 길이 인생을 송두리째 바꿀 만큼 중요하다면, 그 결정을 내리는 것이 그리 쉽지만은 않을 것이다. 그럼 어떻게 해야 할까?

그런데 선택하지 않고도 각각의 길을 걸어갈 때 어떤 결과가 나타날지 미리 알 수 있다면 어떨까? 아니, 실제로 그 모든 길을 다 걸어가 볼 수 있다면 어떨까? 놀랍게도, 양자역학은 그럴 수 있다고 말한다.

구체적으로, 인간을 비롯해서 우주의 물질은 모두 미시적인 스케일에서 보면 원자와 같이 작은 입자들의 조합이다. 양자역학은 이러한 입자들의 동역학을 기술하는 물리 이론이다. 양자역학에 따르면, 미시 세계의 입자들은 주어진 모든 길을 한꺼번에 걸어갈 수 있다.

이 이상한 능력을 이해하기 위해 다시 기로로 돌아가 보자.

· ·• 기로에 선 전자 •· ·

여기 기로에 선 전자가 있다. 전자는 얼마 전에 전자 빔 총electron beam gun에서 발사되었다. 그리고 전자는 이제 2개의 얇은 틈이 세로로 뚫린 벽에 도달했다. 전자는 2개의 얇은 틈 중에서 하나를 선택해 통과해야 한다.

아니, 그렇지 않다. 전자는 둘 중에서 하나를 선택할 필요가 없다.

앞서 말했듯이, 양자역학에 따르면 모든 입자는 파동이다. 즉, 입자는 그 자체로 점이지만 특정한 위치에 존재할 확률은 전 공간에 퍼져서 파동처럼 출렁거린다.

이런 상황에서 전자는 파동 2개로 쪼개져서 얇은 틈 2개로 난 서로 다른 두 길을 모두 걸어갈 수 있다. 이렇게 서로 다른 경로를 이동한 2개의 파동은 결국 멀리 떨어진 최종 목적지인 스크린의 한 지점에 도달한다. 스크린은 일종의 전자 검출기로서 전자가 도달하면 그 위치에 점이 찍힌다. 이 실험의 이름은 '영의 이중 슬릿 실험Young's double slit experiment'인데, 영의 이중 슬릿 실험의 목적은 스크린에 검출되는 전자의 패턴을 관찰하는 것이다. 그렇다면 과연 어떤 패턴이 관찰될까?

검출되는 전자의 패턴은 전자가 스크린의 해당 위치에 도달한 확률에 의해 결정된다. 잠깐 생각해 보면, 전자는 얇은 틈에서 출발해 최적의 경로를 따라 스크린에 도달할 듯하다. 즉, 전자는 스크린에서 바라볼 때 얇은 틈을 정면으로 마주 보는 위치에 가장 높은 확률로 도달할 것 같다. 그렇다면 전자의 패턴은 그 위치를 중심으로 주변으로 갈수록 서서히 옅어지는 모습으로 관찰될 것이다. 즉, 그림 2의 위의 모습과 같을 것이다.

그러나 전자의 패턴이 정말 이렇다면 그다지 재미없을 것이다. 실제 실험에서는 재미있는 일이 일어나는데, 이른바 '간섭interference 패턴'이 발생하기 때문이다.

간섭이란 무엇일까? 일상에서 간섭이란 직접적으로 관계가 없는

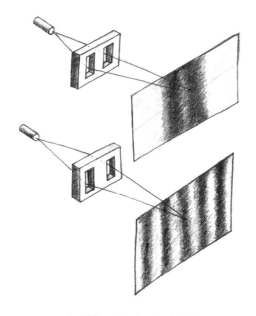

(그림 2) 영의 이중 슬릿 실험

사람이 남의 일에 참견하는 것을 뜻한다. 물리에서 간섭이란 2개 이상의 파동이 서로 만나서 새롭게 생성되는 파동의 진폭이 원래 파동들의 진폭의 합보다 작아지는 현상을 의미한다.

어떻게 그럴 수 있을까? 파동은 출렁거림이다. 그런데 출렁거림을 기술하기 위해서는 두 가지 정보가 필요하다. 하나는 출렁거림의 세기, 즉 진폭amplitude이고, 다른 하나는 출렁거림의 길이, 즉 파장wavelength이다.

진폭과 파장이라는 개념을 사용해 간섭을 설명하면 다음과 같다.

먼저, 간섭이 일어나려면 어느 순간 2개 이상의 파동이 만나야 한다. 이렇게 만나 새롭게 생성되는 파동의 진폭은 원래 파동들이 지닌 개별 진폭의 단순한 합이 아니다. 각각의 파동들이 출렁거림의 어느 시점에서 서로 만나는지가 중요하기 때문이다.

여기서 '출렁거림의 시점'이란 무엇인가? 출렁거림이 어느 시점에 있는지를 안다는 것은, 예를 들어, 주어진 순간에 파동의 출렁거림이 상승하는 시점에 있는지, 아니면 하강하는 시점에 있는지를 안다는 것이다. 그런데 곰곰이 생각해 보면, 이 출렁거림의 시점은 그동안 파동이 지나온 경로의 길이가 파장에 비해 얼마나 길고 짧은지에 따라 결정된다.

예를 들어, 파동이 지나온 경로의 길이가 파장과 같다면, 또는 파장의 정수^{integer} 배라면, 파장의 출렁거림은 다시 원래대로 돌아온다. 반면 경로의 길이가 파장의 반이라면, 또는 파장의 반정수$^{half-integer}$ 배라면, 파동의 출렁거림은 거꾸로 뒤집힌다.

이제 다시 영의 이중 슬릿 실험으로 돌아가서, 출렁거림의 시점이 정확히 어떻게 간섭 패턴을 만들어 내는지 알아보자.

두 얇은 틈을 통과한 파동 2개는 서로 다른 경로를 이동해 스크린의 어느 한 위치에 도달한다. 그런데 이 위치에 도달했을 때 2개의 파동이 지나온 경로의 길이의 차이가 파장의 정수 배가 되면, 새로운 파동의 진폭은 부분 파동들의 진폭의 합, 즉 진폭의 최댓값과 정확히 같아진다. 이를 '보강 간섭$^{constructive\ interference}$'이라고 부른다. 보강 간섭에서 부분 파동들의 출렁거림은 둘 다 상승이든, 둘 다 하강이든 서로 똑같이 행동한다.

반면, 스크린의 어느 한 위치에 도달했을 때 2개의 파동이 지나온 경로의 길이의 차이가 파장의 반정수 배가 되면, 새로운 파동의 진폭은 정확히 0이 된다. 즉, 전자가 이 위치에 도달할 확률은 정확히 0이 된다. 이를 '상쇄 간섭destructive interference'이라고 부른다. 상쇄 간섭에서 새로운 파동의 진폭이 0이 되는 이유는 부분 파동들의 출렁거림이 어느 하나는 상승하고 다른 하나는 하강해 서로를 정확히 상쇄하기 때문이다.

보강 간섭도 아니고 상쇄 간섭도 아닌 일반적인 상황에서 새로운 파동의 진폭은 최댓값인 부분 파동들의 진폭의 합과 최솟값인 0 사이의 어떤 값이 된다.

결과적으로, 스크린 위에는 전자가 많이 발견되는 보강 간섭 영역과 적게 발견되는 상쇄 간섭 영역이 마치 줄무늬 띠처럼 서로 엇갈리며 발생한다. 이것이 바로 전자의 간섭 패턴이다. 참고로, 그림 2의 아래 상황이다.

약간 시적으로 말하자면, 양자역학의 세계에서 전자는 기로에 난 길을 모두 걸을 수 있지만, 걸었던 길들에 대한 '기억'은 서로를 간섭하며 전자가 최종 목적지에 도달하는 확률에 영향을 끼친다.

자, 이로써 우리는 사람과 전자가 어떻게 다르게 행동하는지 알게 되었다. 잠깐, 이 당연한 깨달음을 이제야 얻게 되었다고 누군가에게 고백한다면 듣는 이는 아마도 황당해할 것이다. 사람과 전자는 당연히 다른 것이 아닌가? 그런데 이것이 그렇게 당연하지만은 않다.

예를 들어, 마블 영화 〈앤트맨과 와스프Ant-Man and the Wasp〉를 생각해 보자. 이 영화에서 앤트맨은 축소되어 원자의 크기보다 작은 세계, 이른바 '양자 영역quantum realm'에 이른다. 영화에서 양자 영역은 우리가 아는 물리법칙이 적용되지 않는, 모든 것이 요동치는 신비로운 세계로 그려진다.

관객으로서 양자 영역을 표현하는 영화적 상상력과 그것을 시각화하는 기술을 보는 재미도 쏠쏠했지만, 물리학자의 입장에서는 영화적 한계를 명확하게 느낄 수밖에 없었다. 특히, 앤트맨을 비롯해서 양자 영역에 도달한 여러 등장인물들이 크기만 작아졌을 뿐 거시 세계에서와 똑같이 행동한다는 점에서 그랬다.

물론, 양자 영역에 도달한 모든 등장 인물을 양자역학적인 존재로 표현하면 아마도 영화적으로 어색해졌을 것이다. 하지만 그렇다고 해도, 물리학자의 관점에서 그들이 양자 영역에서도 고전역학적으로 행동한다는 사실은 논리적으로 모순이다. 즉, 영화에서는 양자 영역이라는 신비로운 세계가 있지만, 그 세계에 다다른 사람들이 양자역학의 법칙을 적용받지 않는다는 이야기였다. 그러나 논리적으로는, 양자 영역에서 사람도 전자와 똑같이 파동처럼 행동해야 한다. (재미있게도, 영화에서 악당 역을 맡은 고스트는 거시 세계에서 파동처럼 행동한다.)

전자가 파동처럼 행동하는 이유는 파동 함수의 지배를 받기 때문이다. 다음에서는 조금 더 구체적으로 파동 함수가 과연 무엇이기에 전자가 이렇게 이상하게 행동하는지를 알아볼 것이다.

· ·•· 파동 함수는 시계 초침 ·•· ·

뜬금없이 들리겠지만, 파동 함수는 화살표다. 크기와 방향을 가지기 때문이다. 먼저, 파동 함수의 크기는 파동의 진폭을 의미한다. 그리고 이를 제곱하면 확률이 된다. 그렇다면 파동 함수의 방향은 무엇을 의미할까?

앞서 출렁거림을 기술하기 위해서는 두 가지 정보가 필요하다고 했다. 하나는 진폭이고, 다른 하나는 파장이다. 이 중에서 특히 파장은 출렁거림의 시점과 관계 있다. 즉, 출렁거림의 시점을 아는 것은 주기적으로 반복되는 어떤 것이 상승하는 시점에 있는지 하강하는 시점에 있는지를 아는 것이고, 이는 파장을 기준으로 판단할 수 있다.

주기적으로 반복되는 어떤 것의 상승과 하강, 어딘가 익숙하지 않은가? 바로 달^{moon}이다. 달은 한 달을 주기로 초승달, 보름달, 그믐달의 모습으로 커지고 작아지기를 반복한다. 달이 이렇게 모습을 바꾸는 이유는 달이 지구 주위를 돌기 때문이다. 즉, 달의 주기적인 변화는 달의 회전에 기인한다. 그리고 달뿐만 아니라, 모든 출렁거림은 언제나 어떤 것의 회전과 관련 있다.

파동 함수의 출렁거림도 예외가 아니다. 이것이 파동 함수가 방향을 가지는 이유다. 참고로, 파동 함수의 방향을 전문적으로는 '위상^{phase}'이라고 부른다. 재미있게도, 달이 초승달, 보름달, 그믐달로 변화하는 모습도 '위상'이라고 부른다. 이런 의미에서, 파동 함수는 단순한 화살표가 아닌 회전하는 화살표, 즉 시계 초침이다.

(그림 3) 우화 〈영의 이중 슬릿 실험과 양자 시계〉

여기 파동 함수가 시계 초침이라는 점에 착안한 우화가 하나 있다. 이 우화의 제목은 '영의 이중 슬릿 실험과 양자 시계'다. 그림 3을 보라.

우리의 주인공 전자는 '양자 시계quantum watch'를 차고 다닌다. 양자 시계는 파동 함수라는 단 하나의 시계 초침이 돌아가는 시계다. 양자 시계가 보통의 시계와 크게 다른 점 하나는 양자 시계 속 파동 함수의 초침 길이가 때때로 변할 수 있다는 점이다. 파동 함수 초침의 길이는 매우 중요한데, 전자가 주어진 순간에 바로 그 자리에 존재할 확률을 주기 때문이다.

어느 날 아침, 전자는 시끄러운 소리와 함께 눈을 떴다. 정신 없는 와중에도 전자는 금세 자신이 전자 빔 총에서 발사되어 빠르게 날아가고 있다는 사실을 알아차린다. 그런데 아뿔싸, 2개의 얇은 틈이 세로로 뚫린 벽이 자신에게 빠른 속도로 다가오는 것이 아닌가?

전자는 벽에 부딪히지 않기 위해 무엇이라도 해야 했다. 앞에서 다가오는 2개의 얇은 틈 중에서 어떤 틈으로 빠져나갈까? 급하게 선택하려는 순간, 전자는 자신이 입자인 동시에 파동이라는 사실을 기억해 냈다. 전자는 이제 어떤 틈으로 빠져나갈지 고민하지 않고 자신을 2개의 분신으로 쪼개는 '파동 분신술'을 시도하기로 한다.

파동 분신술의 특징은 전자의 분신들이 만들어지는 순간, 모든 분신도 각각 그들만의 양자 시계를 차게 된다는 것이다. 즉, 양자 시계도 복제된다. 단, 파동 함수 초침의 길이는 줄어든다.

구체적으로, 이 상황에서 두 분신이 차고 있는 양자 시계 속 파동 함수 초침의 길이는 원래 길이의 정확히 $\sqrt{2}$분의 1로 줄어든다. 왜 하필 $\sqrt{2}$일까? 파동 함수 초침의 길이의 제곱이 확률이기 때문이다. 즉, 각각의 분신이 존재할 확률은 원래 전자가 존재할 확률의 정확히 2분의 1, 즉 절반이 되는 것이다.

그렇다면 파동 함수 초침의 방향에는 어떤 일이 일어날까? 두 분신의 파동 함수 초침은 동기화synchronization된다. 즉, 두 분신의 파동 함수 초침의 방향은 정렬된다. 이제, 전자의 두 분신은 각자 다른 얇은 틈을 무사히 빠져나와 자유롭게 날아간다. 두 분신의 파동 함수 초침도 제각기 잘 돌아간다.

하지만 불행하게도, 계속 그렇게 자유로울 수 없다. 거대한 스크린이 그들의 앞을 가로막고 있기 때문이다. 이제는 빠져나갈 틈도 없다. 스크린에 부딪히는 것도 문제이지만, 스크린에 도달하면 분신들은 서로 만나 소멸하게 된다. 그리고 그렇게 소멸된 자리에는 다시 원래의 전자가 나타난다.

이때 재미있는 사실은 두 분신이 만나서 소멸하는 바로 그 자리에 원래의 전자가 나타날 확률이 반드시 1이 아니라는 것이다. 그 확률은 두 분신이 차고 있는 양자 시계의 파동 함수 초침에 의해 결정된다. 앞서 설명했듯이, 전자가 나타날 확률은 그것의 파동 함수 초침의 길이에 의해 결정된다. 그렇다면 다시 나타나는 전자의 파동 함수 초침은 어떻게 결정될까?

답은 간단하다. 다시 나타나는 전자의 파동 함수 초침은 두 분신의 파동 함수 초침을 더한 합이다. 그런데 초침은 단순한 숫자가 아니다. 초침 2개는 어떻게 더할까? 여기서 다시 한번, 시계 초침이 기본적으로 화살표임을 기억하자. 그렇다면 화살표 2개의 합은 무엇일까?

이는 화살표를 일종의 힘이라고 생각하면 쉽다. 서로 다른 방향을 가리키는 2개의 힘을 더해서 생기는 새로운 힘은, 2개의 힘이 각각 평행사변형의 두 변이라고 할 때 대각선으로 주어진다.

예를 들어, 힘센 두 사람이 자동차 한 대를 밀기 위해 같은 방향으로 힘을 가한다고 해보자. 이 경우에 전체 힘의 방향은 개별 힘의 방향과 같고, 세기는 개별 힘의 2배가 될 것이다. 이 상황에서는 자동차를 2배의 힘으로 밀 수 있다. 반대로, 힘센 두 사람이 똑같은 힘으로 자동차를 반대 방향으로 밀고 있다고 해보자. 이 경우에 두 사람의 힘을 합한 전체 힘은 상쇄되어 0이 될 것이다. 이 상황에서 자동차는 전혀 움직이지 않을 것이다. 같은 방향도 아니고 반대 방향도 아닌 방향으로 힘이 합쳐지면, 위에서 설명한 대로 평행사변형의 대각선으로 새로운 힘이 생긴다.

자, 다시 본론으로 돌아가 보자. 스크린에 다시 나타나는 전자의 파동 함수 초침은 두 분신의 파동 함수 초침을 더한 합으로 주어진다. 앞선 설명과 같이, 두 분신의 파동 함수 초침이 같은 방향을 가리키면, 다시 나타나는 전자의 파동 함수 초침은 길이가 2배가 된다. 즉, 전자가 그 위치에 나타날 확률이 가장 높다. 이것이 바로 보강 간섭의 상황이다. 반대로, 두 분신의 파동 함수 초침이 서로 정확히 반대 방향을 가리키면 다시 나타나는 전자의 파동 함수 초침은 길이가 0이 된다. 즉, 전자가 그 위치에 나타날 확률은 0이다. 이것이 상쇄 간섭의 상황이다. 두 분신의 파동 함수 초침이 정확하게 같은 방향도 아니고 반대 방향도 아닌 방향으로 합쳐지면, 전자의 확률은 최댓값과 최솟값 0 사이의 값을 가질 것이다.

결론적으로, 전자는 2개의 얇은 틈 가운데 하나를 선택할 필요 없이 파동 분신술을 사용해 무사히 통과할 수 있다. 하지만 대가를 치러야 했다. 그 대가란 전자가 스크린에 도달할 때 정확히 어떤 위치에 나타날지 알 수 없다는 점이다. 오직 확률만 알 수 있을 뿐이다. 공짜 점심은 없다고 했던가? 이것이 미시 세계에서 전자에게 벌어지는 이야기다.

그런데 우화는 아직 끝나지 않았다. 한 가지 매우 중요한 사실이 남아 있다. 스크린에 원래의 전자가 다시 나타나는 순간, 전자의 양자 시계는 파괴된다. 즉, 전자의 양자 시계는 전자가 다시 나타날 확률을 결정하지만, 스크린에 나타나는 순간 파괴된다. 따라서 우리는 전자의 양자 시계 속에서 파동 함수의 초침이 실제로 돌아가는 모습을 볼 수 없다. 분신들의 양자 시계도 분신과 함께 소멸되었으므로, 파괴된 전자의 양자 시계를 다시 복원할 방법도 없다. 파동 함수는 존재하지만 겉으로 드러나지 않는다.

조금 전문적으로 다시 말하면, 전자가 스크린에 도달했을 때 그 위치를 검출하는 것은 '측정measurement'의 한 종류다. 양자역학에서 측정의 물리적인 의미를 설명하는 가장 표준적인 해석이 있는데, 바로 코펜하겐 해석Copenhagen interpretation이다. 코펜하겐 해석에 따르면, 무엇이든 물리적으로 측정하는 순간, 파동 함수는 붕괴된다collapse.

우리가 파동 함수의 초침이 돌아가는 모습을 볼 수 없는 이유는, 그러기 위해서는 반드시 측정을 해야 하기 때문이다. 하지만 불행하세도 측정을 하는 순간, 파동 함수는 붕괴되고 만다.

그런데 파동 함수는 도대체 무엇으로 붕괴되는 것일까? 여기서부터 이야기가 진짜 재미있어진다. 파동 함수가 정확히 무엇으로 붕괴되는지는 측정의 성질에 따라서 좌우된다. 즉, 어떤 물리량을 측정하는지에 따라 달라진다.

예를 들어, 영의 이중 슬릿 실험에서 스크린은 전자의 위치를 측정한다. 이 경우에 파동 함수는 전자가 스크린의 각 위치에 나타날 확률을 주고 붕괴된다. 위치가 아니라 다른 물리량을 측정한다면, 파동 함수는 각 측정값이 발생할 확률을 주고 붕괴된다.

잠깐만! 우리가 어떤 측정을 하는지에 따라 측정의 결과가 달라진다고? 믿기 힘들겠지만, 그렇다. 믿을 수 없을 만큼 이상한 양자역학은 그래서 더 흥미롭다. 하지만 그럴수록 특별히 조심해야 한다. 혼란에 빠지지 않기 위해서는 보다 엄밀하게 이해해야 한다.

·‥· 가장 놀라운 수학 공식 ·‥·

위대한 물리학자 파인먼이 "가장 놀라운 수학 공식"이라고 부른 공식이 있다. 바로 오일러 공식Euler's formula이다.

　말하자면, 이 공식은 모든 출렁거림은 언제나 어떤 것의 회전과 관련 있다는 점을 수학적으로 엄밀하게 뒷받침한다. 다시 말해, 이 공식은 파동 함수가 시계 초침이라는 사실을 수학적으로 엄밀하게 뒷받침한다. 오일러 공식은 다음과 같다.

$$e^{i\theta} = \cos\theta + i\sin\theta$$

　위 공식이 "가장 놀라운 수학 공식"인 이유는 수학에서 가장 중요한 몇 가지 개념이 하나의 공식에 응축되어 있기 때문이다. 지수 함수exponential function, 허수, 삼각 함수trigonometric function가 바로 그것들이다.

　먼저, 오일러 공식의 좌변에 있는 e는 '오일러 수Euler's number'라고 한다. 구체적으로, 오일러 수의 값은 2.71828…이다. 오일러 수가 중요한 이유는 지수 함수를 정의하기 때문이다.

그렇다면 지수 함수란 무엇인가? 우리는 사실 지수 함수라는 개념을 많이 쓴다. 예를 들어, 무엇이 굉장히 급격하게 증가할 때 '지수 함수적으로 증가한다'라고 표현한다. 다른 말로 '기하급수geometric series적으로 증가한다'라고 표현할 수도 있다. 즉, 지수 함수와 기하급수는 거의 같은 뜻이다.

그렇다면 기하급수는 무엇인가? 간단히 말해, 기하급수는 고등학교 때 배우는 등비수열이다. 수열은 숫자들이 나열되는 것이다. 등비수열은 수열 중에서 주어진 자리에 있는 수에 어떤 특정한 변화 비율을 곱해서 다음 자리에 있는 수가 얻어지는 수열이다. 예를 들어, 다음과 같은 수열이 등비수열이다.

$$1,\ r,\ r^2,\ r^3,\ r^4,\ \cdots$$

여기서 r은 변화의 비율이다. 이러한 등비수열을 함수의 형태로 쓰면 다음과 같다.

$$f(x) = r^x$$

이것이 다름 아니라 지수 함수다.

지수 함수가 얼마나 급격하게 증가하는지 체감하기 위해서, 오래된 우화인 〈쌀과 체스판〉을 들어보자. 이 우화는 다양한 버전으로 떠

돌고 있기에, 어떤 내용이 원조인지는 모른다. 다만, 우화의 핵심 내용은 항상 거의 같다.

어느 왕국에 체스를 무척 좋아하는 왕이 있었다. 왕은 체스를 처음 발명한 사람에게 큰 상을 주고자 했다. 그래서 왕은 어느 날 체스 발명가를 불러서 원하는 것은 무엇이든 상으로 줄 수 있으니 원하는 것을 말해보라고 한다. 체스 발명자는 왕에게 8×8, 총 64개의 칸으로 이루어진 체스판에 첫 번째 칸에는 한 톨, 두 번째 칸에는 두 톨, 세 번째 칸에는 네 톨, 이런 식으로 한 칸씩 증가할 때마다 2배씩 증가하는 방식으로 쌀을 달라고 한다.

처음에 왕은 너무 소박한 상이라고 생각했으나, 곧 그러한 상을 실제로 내리는 것은 불가능하다는 것을 깨닫는다. 왜냐하면 $2^0=1$, $2^1=2$, $2^2=4$, $2^3=8$, $2^4=16$, $2^5=32$, $2^6=64$, $2^7=128$, $2^{15}=32,768$, $\cdots$, $2^{23}=8,388,608$, $\cdots$, $2^{31}=2,147,483,648$, $\cdots$, $2^{39}=549,755,813,888$, $\cdots$, $2^{63} \approx 9,000,000,000,000,000,000$이기 때문이다.

이렇듯 기하급수, 즉 지수 함수는 놀라울 정도로 급격하게 증가하는 함수다. 그런데 기하급수는 재미있는 특징을 하나 가지고 있다. 바로 기하급수의 인접한 자리에 있는 숫자들의 차이도 기하급수적으로 증가한다는 성질이다. 달리 말하면, 지수 함수는 그것의 변화도 지수 함수다. 그리고 변화는 미분과 관련 있다.

간단하게 말해, 미분은 어떤 함수가 얼마나 빨리 변하는지를 재는 양이다. 예를 들어, 시간의 함수로 주어지는 위치를 시간에 대해 미분하면 속도가 나온다. 비슷하게, 어떤 위치에서의 높이를 위치에 대해 미분하면 기울기가 나온다.

미분이란?

미분은 말 그대로 '미세하게 나누기'다. 어떤 위치 x에서의 높이가 함수 $f(x)$로 표현된다고 하자. 그리고 초기 위치 x_1에서 최종 위치 x_2로 움직일 때 높이가 얼마나 변하는지 알고 싶다고 해보자. 높이의 변화는 다음과 같이 쓰인다.

$$\frac{\Delta f}{\Delta x} = \frac{f(x_2) - f(x_1)}{x_2 - x_1}$$

미분은 아주 작은 위치의 차이에 대해 생기는 아주 미세한 높이의 변화를 재는 것이다. 즉, 미분이란 x_2가 x_1에 점점 더 가까워질 때 높이의 변화, 즉 기울기다.

$$\frac{df}{dx} = \lim_{x_2 \to x_1} \frac{f(x_2) - f(x_1)}{x_2 - x_1}$$

여기서 '$\lim_{x_2 \to x_1}$'는 x_2가 x_1에 무한히 가까워지는 극한을 취한다는 것을 의미한다. 혹시 분모가 계속 작아지면 미분 값이 무한히 커지는 것은 아닌지 걱정하는 독자가 있을지 모르겠다. 하지만 안심하라. 분모가 작아지는 만큼 분자도 같이 작아지므로, 그 둘의 비율은 유한하게 남을 수 있다.

한편 미분 중에는 편미분partial differentiation이라는 개념도 있다. 이 개념은 함수가 하나의 변수가 아니라 2개 이상의 변수에 의존할 때 유용하다. 예를 들어, 지도 위에서 위치는 2개의 좌표, 즉 x, y로 표시된다. 이 경우에 높이 함수는 $f(x, y)$로 표현된다. 편미분은 하나의 변수는 고정하고 다른 하나의 변수로만 미분하는 것이다.

$$\frac{\partial f}{\partial x} = \lim_{x_2 \to x_1} \frac{f(x_2, y) - f(x_1, y)}{x_2 - x_1}$$

$$\frac{\partial f}{\partial y} = \lim_{y_2 \to y_1} \frac{f(x, y_2) - f(x, y_1)}{y_2 - y_1}$$

위 2개의 편미분은 각각 x방향과 y방향으로의 기울기다.

지수 함수의 변화 비율 r을 잘 조정하면, 지수 함수와 그것의 미분 값이 정확히 같아지도록 조정할 수 있다. 그 변화 비율이 바로 오일러 수 e다.

자기 자신과 미분 값이 정확히 같은 지수 함수는 매우 중요하다. 사실 보통 '지수 함수'라고 할 때는 바로 이 함수를 의미한다. 매우 중요한 함수이므로 꼭 기억하기를 바란다.

$$f(x) = e^x$$

다시 강조하지만, 복잡해 보일지라도 오일러의 수 $e=2.71828\cdots$는 단순한 숫자일 뿐이다. 〈쌀과 체스판〉 우화에서 다음 칸으로 옮길 때마다 쌀의 개수를 2배가 아니라 $2.71828\cdots$배씩 증가시켜 달라고 요구한다면, 쌀의 개수는 지수 함수적으로 증가하는 것이다.

오일러 수 말고도 오일러 공식의 좌변에는 수학적으로 매우 중요한 개념이 또 나온다. 바로 허수 i다. 허수 i는 제곱했을 때 음수 -1이 되는 수다. 그런데 물리적으로 측정되는 모든 양은 실수로 표현된다. 따라서 허수는 실제로 존재하지 않는 수다.

그렇다면 우리에게 허수가 왜 필요할까?

사실, 허수가 필요한 이유는 묘하게도 파동 함수가 필요한 이유와 비슷하다. 앞서 실제로 측정 가능한 양은 확률뿐일지라도 파동 함수는 존재해야 한다고 말했다. 비슷하게, 실제로 측정 가능한 양을 표현하는 것은 실수일지라도 허수는 존재해야 한다.

그렇다면 허수는 구체적으로 어디에 필요한 것일까? 바로 방정식을 풀 때 필요하다. 예를 들어, 다음과 같은 2차 방정식을 푼다고 하자.

$$f(x) = ax^2 + bx + c = 0$$

우리는 물론 2차 방정식을 쉽게 풀 수 있다. 근의 공식을 적용하면 되기 때문이다.

$$x = \frac{1}{2a}\left(-b \pm \sqrt{b^2 - 4ac}\right)$$

예상했겠지만, 허수는 제곱근 안의 수 b^2-4ac가 음수가 되면 발생한다. 좋다. 하지만 이것만으로는 무언가 부족하다. 허수가 필요하다고 주장하는 대신, 이렇게 이상한 해는 존재하지 않는다고 말해버리면 그만이기 때문이다. 그런데 허수가 진짜 필요한 이유는 2차 방정식이 아니라 3차 이상의 고차 방정식을 풀 때 생긴다.

2차 방정식을 푸는 과정에서 새로운 수인 허수가 나타났다. 언뜻 생각해 보면, 3차 방정식을 푸는 과정에서 실수도, 허수도 아닌 아예 새로운 수가 나타날 수 있다. 마찬가지로 4차 방정식을 푸는 과정에서 또 다른 새로운 수가 나타날 수 있다. 이렇게 계속 무한히 많은 종류의 수가 생길 수 있다. 그러나 여기서 자세하게 증명할 수는 없지만, 다행히 허수가 아닌 그 어떠한 새로운 수도 생기지 않는다.

이는 실수와 허수만으로 완결적인 수 체계를 세울 수 있음을 의미한다. 뒤집어 말하면, 완결적인 수 체계를 세우려면 실수만으로는 부족하며 허수가 필요하다는 것을 뜻한다.

마지막으로, 오일러 공식의 우변에는 또 다른 중요한 수학 개념인 삼각 함수가 나온다. 구체적으로 사인sine과 코사인cosine 함수가 나온다. 사인과 코사인 함수는 출렁거리는 모양을 표현하는 가장 대표적인 수학 함수다.

삼각 함수는 원래 고대 천문학자들이 별과 별 사이의 거리를 재기 위해 고안한 개념이다. 고대 천문학자들은 하늘이 지구를 동그랗게 둘러싸고 있으며 별은 이 동그란 하늘, 즉 천구celestial sphere에 박혀 있는 일종의 보석이라고 믿었다. 고대 천문학자들은 관측을 통해 별과 별 사이의 각도를 재고 이를 바탕으로 천구상에서 두 별의 거리를 추정하고자 했다.

천구상에서 두 별의 거리는 별과 별 사이의 각도와 지구에서 천구까지의 거리를 곱하면 얻을 수 있었다. 그러나 당시에는 지구에서 천구까지의 거리를 알기 어려웠다. 고대 천문학자들은 언젠가 알게 되기를 바랄 뿐이었다. (물론 현대적인 관점에서 천구라는 것은 존재하지 않는다.)

그런데 문제는 다른 데 있었다. 고대에는 구면 위에서의 거리, 즉 원둘레의 길이를 재는 것이 어려웠다. 원주율의 개념조차 정립되기 전이었다. 그래서 고대 천문학자들은 원둘레의 길이, 즉 호arc의 길이 대신에, 주어진 각도로 떨어져 있는 두 별을 가공의 실로 연결한다고 할 때 이 실의 길이, 즉 현chord의 길이로 두 별 사이의 거리를 정의하는 방법을 고안했다. 거칠게 말해서, 삼각 함수란 어떤 각도가 주어지면 현의 길이를 알아내는 함수다. 조금 더 구체적으로, 삼각 함수는 직각삼각형에서 세 변의 관계를 나타내는 함수다.

유명한 피타고라스의 정리^{Pythagorean theorem}를 생각해 보자.

$$a^2 + b^2 = c^2$$

여기서 a와 b는 직각삼각형에서 서로 수직을 이루는 두 변의 길이, c는 직각삼각형에서 빗변의 길이다. 당연한 말이지만, 직각삼각형은 꼭짓점 3개를 가진다. 그중에서 a를 길이로 가지는 변을 바라보는 반대편 꼭짓점의 각도를 A라고 하자. 각도 A의 사인과 코사인 그리고 탄젠트 함수는 다음과 같이 정의된다. (다른 각도들의 삼각 함수도 비슷하게 정의된다.)

$$\sin A = a/c$$
$$\cos A = b/c$$
$$\tan A = a/b$$

삼각 함수의 중요한 성질 중 하나는 사인 함수의 제곱과 코사인 함수의 제곱을 더하면 항상 1이라는 점이다.

$$(\sin A)^2 + (\cos A)^2 = 1$$

그리고 이는 다름 아닌 피타고라스의 정리다.

정리하자면, 오일러 공식은 지수 함수와 허수가 만나면 삼각 함수가 나온다고 말한다. 이는 실재의 수(실수)를 집어넣으면 무자비하게 증폭시켜서 터뜨려 버리는 뻥튀기 기계(지수 함수)에 상상의 수(허수)를 집어넣으면 쾅 하는 폭발음 대신에 아름다운 음악(삼각 함수)이 흘러나온다는 이야기다.

수학적으로, 오일러 공식은 앞서 언급한 완결적인 수 체계를 실수와 허수 축으로 이루어진 2차원 평면 위에서 구현할 수 있다고 말해준다. 그리고 이렇게 실수와 허수로 이루어진 완결적인 수를 '복소수'라고 부른다는 점을 기억하자.

이제 오일러 공식의 우변을 어떤 하나의 복소수라고 생각해 보자. 이 복소수의 실수 성분은 $\cos\theta$이고 허수 성분은 $\sin\theta$다. 이것을 각각 실수와 허수 축에서의 좌표라고 생각한다면, 이 복소수는 2차원 평면 위에 한 점으로 표시될 수 있다. 다시 말해, 삼각 함수의 성질, 즉 피타고라스의 정리를 이용하면 이 복소수는 반지름이 1인 원 위에 있는 한 점이다. 그림 4를 보라.

그림 4를 보면 자연스럽게 θ가 각도라는 것을 알 수 있다. 각도를 바꾸면 복소수는 원 위에서 회전한다. 기억하는가? 출렁거림은 무언가의 회전과 관련 있다는 것을?

물론, 복소수의 크기가 항상 1일 필요는 없다. 복소수는 일반적으로 2차원 평면 위에 존재하는 임의의 점이다. 따라서 복소수는 다양한 크기와 방향을 가질 수 있다. 그런데 잠깐, 크기와 방향을 가지는 숫자, 이미 들어본 적이 있지 않은가?

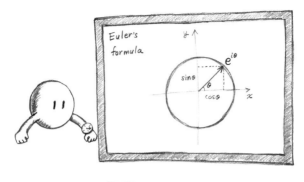

그림 4 오일러의 공식

그렇다. 바로 파동 함수다. 그래서 파동 함수도 일반적으로 다음과 같이 복소수로 표현될 수 있다.

$$\psi = Re^{i\theta}$$

여기서 R은 파동 함수의 크기, 즉 반지름이고, θ는 파동 함수의 방향, 즉 각도다.

여러 번 강조하지만, R의 제곱은 입자가 주어진 위치에 존재할 확률을 주지만 θ는 측정하는 순간 그 모습을 감추는 신기루와 같다. 종합해 보자면,

파동 함수는 복소수로 표현되는 시계 초침이고, 양자역학은
파동 함수가 시공간에서 어떻게 변하는지를 설명하는 이론이다.

·· ·· 고전적인 세계관의 종말 ··· ··

뉴턴의 운동 법칙Newton's laws of motion이 지배하는 고전역학의 세계에서는 모든 사건이 정밀기계처럼 정확한 인과관계로 연결된다. 우리의 선택도 이러한 정확한 인과관계의 일부다. 따라서 엄밀하게 말하면, 우리의 모든 선택은 이미 결정되어 있다. 우리는 그저 미리 결정된 선택을 수행하는 존재에 불과하다. 이는 기계론적인 세계관이다. 그런데 우리의 선택이 미리 결정되어 있다면, 우리가 선택한다는 것은 무슨 의미일까?

한편, 양자역학의 세계에서는 모든 사건이 동시에 일어난다. 다만, 모든 사건은 서로 간섭을 일으키며, 최종 결과는 확률로만 주어진다. 어찌 보면, 우리는 하나를 선택하는 것이 아니라 모든 선택을 동시에 하는 것이다. 이는 확률론적인 세계관이다. 그런데 우리의 선택이 확률적일 뿐이라면, 선택한다는 것은 도대체 무엇일까?

그런데 잠깐, 우리 인간은 모든 선택을 동시에 할 수 없다. 양자역학은 미시 세계에서 일어나는 일을 기술하지만, 우리는 미시 세계에 살지 않는다.

여기서 중요한 질문이 떠오른다. 작은 입자들이 존재하는 미시 세계와 우리 인간들이 존재하는 거시 세계의 경계는 어디일까? 언제 양자역학의 세계가 끝나고 고전역학의 세계가 시작될까? 더 나아가, 언제 고전역학의 세계가 끝나고 통계역학statistical mechanics의 세계가 시작될까?

통계역학이란, 간단히 말해서 많은 입자들이 모여서 만들어지는 다양한 물질 상태를 통계적으로 기술하는 물리학이다. 통계역학의 가장 중요한 목표 가운데 하나는 열heat, 더 근본적으로는 무질서disorder를 이해하는 것이다. 당연한 말 같지만, 입자들이 많아지면 무질서의 정도가 증가한다. (물리학에서 무질서의 정도는 엔트로피entropy라는 개념으로 정량화되는데, 엔트로피에 대해서는 이어지는 글에서 자세하게 설명할 것이다.) 다시 말해, 통계역학의 세계는 우리 인간들이 존재하는 거시 세계다.

내친김에 조금 더 나아가 보자. 생명은 통계역학이 지배하는 무질서한 세계의 어느 지점에서 나타날까? 생명은 언제 지능intelligence을 획득할까? 그리고 지능을 획득한 생명체는 언제 자유의지free will를 지니게 될까?

자유의지라는 것이 존재하기는 할까?

자유의지가 존재할 때만 우리는 비로소 진정한 의미에서 선택을 할 수 있다. 만약 자유의지가 존재하지 않는다면, 우리가 선택한다는 것은 과연 무슨 의미일까?

이런, 우리는 앞서 제기한 질문으로 다시 돌아왔다. 아직은 이렇게 어려운 질문들에 대해 생각할 때가 아닌 듯하다. 이 질문들은 뒤에서 더 깊이 생각해 보기로 하자.

그래도 굉장히 중요한 질문 하나는 생각해 보고 넘어가자. 이 질문에 답하는 것은 어려운 질문들에 대해 답하는 데 큰 도움이 될 것이다. 입자들은 미시 세계에서 파동처럼 행동한다. 언뜻 생각해 보면, 출렁거리는 파동은 단단한 물질을 만들 수 없을 듯하다. 그런데 출렁거리는 파동이 어떻게 단단한 물질을 만들 수 있는 것일까? 모든 물질은 원자로 구성되어 있다. 따라서 이 질문은 근본적으로는 다음과 같다.

어떻게 파동이 단단한 원자를 구성할까?

2장

원자

: 보편에 관하여

Atom: On the Universality

어린 왕자는 소행성 B-612에서 왔다. 어린 왕자가 자신의 소행성을 떠나 지구로 온 이유는 장미 때문이었다. 어느 날 B-612에 씨앗으로 도착한 장미는 아름다운 꽃을 피웠다. 하지만 장미는 어린 왕자에게 너무 많은 것을 요구했다. 바람이 분다고, 햇빛이 세다고, 자기를 돌봐 달라고 계속 투덜거렸다.

어린 왕자는 장미를 사랑했지만 힘들기도 했다. 장미도 어린 왕자도 어느 누구와 관계 맺는 것은 처음이었다. 어린 왕자는 장미를 떠나 더 넓은 세상을 보고 싶었다. 그래서 어린 왕자는 여행을 떠났다. 행성 6개를 방문하고 나서, 일곱 번째로 지구를 방문한다.

사막에 도착한 어린 왕자는 지구에 생명이 살지 않는다고 생각했다. 그러다가 노란 뱀을 만난다. 노란 뱀은 어린 왕자에게 집으로 돌아가고 싶으면 언제든지 자기를 찾아오라고 말하며, 자신에게 집으로 보내줄 수 있는 능력이 있다고 했다.

그다음 어린 왕자는 수많은 장미꽃이 핀 정원에 도착한다. 그러고는 스스로를 아주 불행하다고 여긴다. 우주에 단 하나뿐이라고 생각했던 어린 왕자의 장미가 그저 평범한 꽃 한 송이에 불과했기 때문이다.

"꽃 한 송이를 가진 부자인 줄 알았는데, 내가 가진 것은 그저 평범한 장미일 뿐이었구나. 장미랑 무릎까지 올라오는 화산 3개. 게다가 그중 하나는 불이 완전히 꺼져버렸을지도 모르는데. 나는 별로 대단한 왕자는 못 되는구나."

슬피 우는 어린 왕자에게 여우 한 마리가 다가온다. 그리고 자신을 길들여 달라고 한다. 어린 왕자가 길들임이 무엇인지 모른다고 하자 여우는 길들임의 의미를 알려주었다. 어린 왕자는 그제야 그의 장미가 특별했다는 사실을 깨닫는다. 어린 왕자의 장미는 우주에 있는 수많은 장미 중 하나일 뿐이었지만, 어린 왕자와 같이 보낸 시간 덕분에 특별해졌던 것이다. 서로가 서로를 길들였기 때문이다.

어린 왕자는 지구에 도착한 지 정확히 1년이 되던 날, 노란 뱀에게 찾아간다. 그날 밤, B-612는 어린 왕자가 지구에 떨어진 그 장소 위에 떠올랐다. 어린 왕자의 발목 위에서 노란 빛이 반짝거렸다. 어린 왕자는 그렇게 자신의 장미에게 돌아간다.

생텍쥐페리Saint-Exupéry의 『어린 왕자 *The Little Prince*』는 언제 읽어도 가슴이 뭉클해진다. 어린 왕자에게 장미는 특별했다. 의심할 여지가 없다. 그런데 가만, 어린 왕자의 장미가 특별하다는 것은 물리학적으로는 무슨 의미일까?

그림 5 소행성 B-612

모든 물질은 보편적인 물리법칙에 의해 기술된다. 특히, 모든 물질은 보편적인 물리법칙을 따르는 원자로 이루어져 있다. 같은 종류의 원자는 모두 정확하게 동일하다. 장미와 같은 복잡한 물질도 원칙적으로는 모두 똑같은 원자들로 이루어져 있다. 서로 다른 장미는 원자의 조성이 조금 다르거나, 동일한 조성이더라도 약간만 다르게 조합되어 있을 뿐이다. 그렇다면 이 미묘한 차이가 어린 왕자의 장미를 특별하게 만드는 것일까?

그렇다고 믿고 싶다. 하지만 이렇게 말하고 넘어가기에는 너무나 쓸쓸하다. 특히, 여우가 어린 왕자에게 알려준 길들임의 의미를 생각해 보면 더욱더 그렇다.

우리는 이 책을 통해 현실이 정말로 이렇게 쓸쓸한 것인지, 아니면 장미와 어린 왕자 그리고 여우를 포함한 우리 모두에게 자신만의 어떤 특별한 의미가 있는지 알아볼 것이다.

그러려면 무엇보다 먼저, 물질을 구성하는 원자가 정확히 어떻게 형성되고 작동하는지를 이해해야 한다. 우리가 정말 특별하다면, 원자의 보편성과 우리의 특별함을 화해시키는 방법이 있을 것이다.

·· ·· 우리는 별에서 왔다 ·· ·

사람들은 모두 별에서 왔다. 우주는 대략 138억 년 전 밀도가 매우 높고 아주 뜨거운 작은 점이 폭발하면서 태어났다. 바로 빅뱅Big Bang 이다. 하지만 빅뱅만으로 우주에 존재하는 모든 원소가 생긴 것은 아니다. 그때 생긴 원소들은 첫 번째와 두 번째로 가장 가벼운 원소인 수소hydrogen와 헬륨helium, 그보다 약간 무거운 리튬lithium, 베릴륨beryllium, 붕소boron뿐이다. 수소는 우리 몸을 구성하는 중요한 성분이지만, 헬륨, 리튬, 베릴륨, 붕소는 우리 몸을 차지하는 비중이 작을 뿐만 아니라 생명 유지에 거의 아무런 역할도 하지 않는다.

우리 몸의 99%는 질량 기준으로 산소oxygen, 탄소carbon, 수소, 질소^{nitrogen}, 칼슘^{calcium}, 인^{phosphorus}이라는 여섯 가지 무거운 원소로 구성되어 있다. 나머지 질량의 0.85%는 칼륨^{potassium}, 황^{sulfur}, 나트륨^{sodium}, 염소^{chlorine}, 마그네슘^{magnesium}이라는 다섯 가지 무거운 원소로 구성되어 있다. 또 다른 무거운 원소인 철^{iron}은 앞선 원소들에 이어서 질량 기준으로 열두 번째로 많은 원소이지만, 혈액 속 헤모글로빈을 구성하기 때문에 생명 유지에 매우 중요하다. 그렇다면 우리 몸에 중요한 이 무거운 원소들은 도대체 어떻게 생긴 것일까?

답은 별이다. 별은 기본적으로 가벼운 원소를 무거운 원소로 만드는 용광로다. 전문용어로, 이렇게 원소의 핵이 별에서 만들어지는 과정을 항성 또는 별의 '핵합성$^{stellar\ nucleosynthesis}$'이라고 부른다.

구체적으로, 빅뱅 직후에는 양성자와 중성자가 만들어진다. 양성자와 중성자는 서로 결합해 중수소^{deuterium} 핵을 만들고, 중수소는 서로 결합해 안정적인 헬륨 핵을 생성한다. (참고로, 빅뱅 직후에는 온도가 매우 높아서 핵은 전자들과 결합하지 못하고 플라스마^{plasma} 상태를 유지한다. 여기서는 편의상 원소의 핵이 만들어지는 것을 원소가 만들어진다고 표현하자.)

빅뱅이 일어나고 3분이 흐르면, 우주는 팽창으로 인해 온도가 급격히 떨어진다. 이 온도도 인간이 상상하기 힘들 정도로 높은 3억 켈빈^{K}이지만, 헬륨보다 무거운 원소를 만들기에는 턱없이 낮은 온도다. 별이 필요한 순간이다.

별은 성간가스와 먼지들이 중력으로 수축되어 생성된다. 수축하는 별의 중심부는 밀도가 높아지고, 그에 따라 온도도 같이 올라간다. 별의 중심 온도가 올라가면, 수소들은 서로 결합해 헬륨으로 바뀌는 핵융합nuclear fusion 반응을 일으킨다. 이때 생성된 열은 복사선의 형태로 방출되면서 중력으로 인한 수축을 막는데, 어느 순간 중력에 의한 수축과 핵융합에 의한 팽창이 서로 균형을 맞춘다.

이렇게 수소를 태워서 헬륨을 만드는 핵융합 과정은 우리에게도 필수적이다. 태양이 바로 이 방식으로 에너지를 발생시키기 때문이다. 태양과 같은 별을 이른바 '주계열성main sequence star'이라고 한다.

그런데 핵융합 과정은 언젠가는 끝난다. 타버릴 수소가 바닥나 버리면 멈출 수밖에 없는 것이다. 그러면 중력에 의한 수축이 다시 시작된다. 중력 수축은 다시 별의 중심 온도를 높이고, 어느 순간 새로운 핵융합 반응이 일어난다. 그리고 새로운 핵융합 반응은 새로운 원소가 생성된다는 것을 뜻한다. 이런 방식으로 별은 중력 수축과 핵융합 팽창 사이의 일시적인 균형과 그것의 반복적인 붕괴를 통해 점점 더 무거운 원소를 생성해 낸다.

무거운 원소는 별의 대기층을 구성하다가 결국 일종의 바람의 형태로 우주로 방출된다. 이렇게 별에서 방출되는 원소의 바람을 '항성풍stellar wind'이라고 부르는데, 순우리말로 번역하면 '별 바람'이 될 것이다. 그리고 별 바람은 별 주변에 구름과 같은 행성상성운planetary nebula을 만들어 낸다.

사실, 철보다 무거운 원소는 별 바람을 통해서 우주로 방출되는 것보다 더욱 극적인 방식으로 우주로 방출된다. 먼저, 철이 생성되려면 별의 질량이 커야 한다. 철의 핵융합에 이르기 위해서는 여러 단계의 중력 수축과 핵융합 팽창을 거칠 정도로 물질의 양이 많아야 하기 때문이다. 이렇게 무거운 별의 중심에 철이 만들어지면 더 이상 이전의 방식으로는 그보다 더 무거운 원소가 만들어지지 않는다. 다시 말해, 별의 중심부에서 중력 수축을 막을 수 있는 핵융합이 더 이상 발생하지 않는다. 별은 이제 대규모로 중력 수축을 일으키고, 종국에는 감당할 수 없을 정도로 커진 온도와 압력으로 인해 폭발한다. 이것이 바로 초신성supernova의 폭발이다. 즉, 철보다 무거운 원소들은 모두 초신성이 폭발한 결과다.

정리해 보자. 우주의 물질을 구성하는 원소는 기본적으로 빅뱅으로 생성된 수소와 헬륨을 바탕으로, 별이라는 용광로에서 만들어진다. 별에서 만들어진 원소들은 별 바람을 통해 우주로 서서히 퍼져나가거나, 초신성의 폭발로 우주에 흩뿌려진다. 그리고 이러한 다양한 원소들은 적절하게 모여 우리 몸을 구성한다. 그러니 우리는 모두 별에서 왔다고 말할 수 있다.

무언가 낭만적이다. 그런데 질문이 하나 떠오른다. 서로 다른 원소는 무엇이 다르기에 서로 다른 성질을 지니는 것일까? 예를 들어, 우리 몸을 구성하는 가장 중요한 원소는 탄소, 수소, 산소다. 물론, 수소와 산소는 물을 구성한다. 다시 말해, 우리 몸의 대부분은 탄소와 물이다. 그리고 탄소와 물은 서로 아주 다른 물리화학적 성질을 지니고 있다.

그런데 탄소의 핵, 수소의 핵, 산소의 핵은 각각을 구성하는 양성자와 중성자의 개수만 서로 다를 뿐, 모두 크기가 매우 작고 밀도가 굉장히 높은 단단한 점과 같다. 핵 안에도 내부 구조가 있지만, 보통 우리가 아는 원소의 성질은 핵의 직접적인 성질이 아니다. 그보다 원소의 물리화학적 성질은 전자가 핵 주변에서 어떤 궤도를 도는지에 따라 결정된다. 아니, 더 정확하게 말해,

원소의 물리화학적 특성은 전자가 핵 주변에서
어떻게 양자역학적으로 공명하는지에 따라 결정된다.

핵은 전자들을 붙잡은 다음에야 진정으로 원소가 되는 것이다. 다음 절에서는 원자 속에서 전자가 어떻게 양자역학적으로 공명하는지를 알아보자.

·· ·· 원자 모형의 출현 ·· ··

역사적으로, 양자역학은 수소 원자에서 방출되는 빛의 스펙트럼을 이해하기 위한 노력의 결과로 탄생했다. 19세기가 끝나고 20세기가 시작되자, 원자의 내부 구조를 측정할 수 있을 정도로 정밀한 실험 기술들이 하나둘씩 등장했다. 1897년, 조지프 톰슨Joseph John Thomson 은 음극선cathode ray tube에서 나오는 빛줄기가 수소 원자보다 1,000배 이상 가벼우면서 음의 전하를 띠는 새로운 입자로 구성되어 있다는 사실을 발견했다. 톰슨이 발견한 것은 다름 아닌 전자였다.

전자를 발견한 톰슨은 곧이어 자신의 원자 모형을 제안했다. 영국인들에게 인기 있는 플럼 푸딩plum pudding은 공 모양의 푸딩 속에 건포도와 같은 건조 과일이 박혀 있는 디저트인데, 톰슨은 바로 이 플럼 푸딩에서 영감을 받았다. 톰슨의 플럼 푸딩 모형에서는, 양의 전하가 균등하게 퍼져 있는 어떤 구형의 공간에 전자들이 플럼 푸딩의 건포도처럼 하나씩 박혀 있다.

그런데 플럼 푸딩 모형에는 음의 전하와 양의 전하가 아주 비대칭적으로 분포한다. 음의 전하는 건포도처럼 작은 입자로 뭉쳐 있는데, 왜 양의 전하는 푸딩처럼 공간에 균등하게 퍼져 있을까? 에너지 면에서만 생각한다면, 양의 전하도 작은 입자로 뭉쳐 있는 것이 좋을 텐데 말이다.

정말 그렇다고 한번 생각해 보자. 이제 전자는 수소 원자보다 1,000배 이상 가볍기 때문에, 양의 전하를 지닌 이 입지는 전자에 비해 매우 무거울 것이다. 자, 그렇다면 원자는 푸딩이 아니라, 양의 전하를 지닌 무거운 입자 주변을 가벼운 전자가 회전하는 일종의 작은 태양계가 아닐까? 이 추측은 실제로 어니스트 러더포드Ernest Rutherford의 실험으로 증명되었다.

1911년, 러더포드는 그의 동료와 학생인 한스 가이거Hans Geiger와 어니스트 마르스덴Ernest Marsden이 수행한 금박 실험gold-foil experiment의 물리적인 의미를 해석하며 원자의 태양계 모형을 제안했다. 금박 실험은 당시 알파 입자라고 알려진 헬륨-4의 원자핵을 금박에 쏘면 어떤 일이 벌어지는지를 조사하는 실험이었다. 결과는 놀라웠다. 대부분의 알파 입자는 그냥 통과했지만 가끔씩 완전히 뒤로 튕겨 나오는 알파 입자들이 있었다. 러더포드는 이 놀라운 관측 사실을 다음과 같이 기술했다.

"그것은 지금까지 내 인생에서 일어난 일 가운데 가장 믿기 힘든 사건이었다. 이는 마치 당신이 15인치 구경의 대포알을 티슈 종이에 쐈을 때 그것이 도로 튕겨져 나와 당신을 맞히는 것만큼 믿기 힘든 일이었다."

금 원자의 중심에 양전하를 지니고 금 원자 질량의 거의 대부분을 차지하며 밀도가 매우 높은 입자가 존재하기만 하면, 러더포드는 금박 실험의 결과를 설명할 수 있다고 추측했다. 이 양전하를 지닌 입자는 너무 작아서 알파 입자와 충돌할 확률도 굉장히 작다. 따라서 알파 입자들은 거의 대부분 금박을 통과해 버린다. 하지만 원자 중심에 있는, 양의 전하를 지닌 이 입자는 충돌 시 *가끔씩* 알파 입자를 완전히 뒤로 튕겨낸다. 이 입자가 바로 원자핵이다. 원자는 원자핵 주위를 전자가 회전하는 작은 태양계인 것이다.

하지만 원자를 작은 태양계로 보는 이 아이디어에는 심각한 문제가 하나 숨어 있다. 바로 태양 주위를 회전하는 지구와 다르게, 전자는 전기 전하를 띠고 있다는 점이다. 원자핵 주위를 빠르게 회전하는 전자는 마치 작은 안테나와 같다. 따라서 빠르게 회전하는 전자는 강한 전자기파를 발생시키며 에너지를 급속도로 잃어버리고 만다. 고전역학 및 전자기학의 계산에 따르면, 전자는 약 10피코초, 즉 1,000억 분의 1초 만에 원자핵으로 떨어진다. 물론 전자가 원자핵으로 떨어지면 원자도 없다.

무엇인가 잘못되어도 한참 잘못되었다. 어떻게 하면 원자가 안정화되어 우리 우주가 존재할 수 있게 될까? 우리 우주의 운명은 어떻게 구원될 수 있을까?

· ·· 보어의 원자 모형 ·· ·

우리 우주의 존재론적인 문제를 해결할 수 있는 실마리는 20세기 초 물리학의 가장 큰 수수께끼에서 그 모습을 드러냈다. 그것은 가열한 원자에서 나오는 빛의 파장이 다음과 같이 띄엄띄엄 '양자화quantized' 된다는 사실이었다. (양자화란 물리량이 불연속적인 값을 가진다는 것을 의미한다. 참고로, '양자quantum'는 '얼마나 많이', 즉 양quantity을 뜻하는 라틴어에서 온 말이다.)

656.279nm, 486.135nm, 434.047nm, 410.173nm

여기서 nm은 나노미터로, 10^{-9}미터, 즉 10억분의 1미터를 뜻한다. 간단히 말해, 가열된 수소에서 나오는 빛을 프리즘에 통과시키면 위와 같은 파장을 가지는 빛들로 띄엄띄엄 분해된다는 것이다. 다른 파장은 다른 색깔을 의미한다. 예를 들어, 656.279나노미터의 파장을 가지는 빛은 빨간색을 띠고, 486.135나노미터의 파장을 가지는 빛은 하늘색을 띤다. 그런데 참 이상하다.

　수소에서 나오는 빛은 왜 불연속적인 색깔을 지니는 것일까?

　1885년, 스위스에는 요한 발머Johann Balmer라는 수학 교사가 있었다. 어느 날 발머의 동료는 발머에게 재미 삼아 수소의 스펙트럼을 설명하는 공식을 한번 고안해 보라고 제안한다. 물론 반농담조였다. 물리학적 지식 없이 양자화된 빛의 파장들에 대한 수학적 관계를 찾는 것은 무작위적인 숫자를 가지고 노는 일에 불과했기 때문이다. 그런데 발머는 정말 그러한 숫자 놀음으로 깔끔한 공식을 찾아냈다. 다음이 발머의 공식이다.

$$\lambda = B \, \frac{n^2}{n^2 - 4}$$

　여기서 λ는 수소에서 나오는 빛의 파장이고, B는 일종의 단위 파장으로서 구체적으로는 364.507나노미터다. n은 2보다 큰 정수다. 이 공식에서 n이 3, 4, 5, 6일 때, 약간의 오차가 있기는 하지만 실험 결과와 놀라울 정도로 잘 들어맞는다는 것을 알 수 있다. (참고로, 이 오차는 '미세 구조fine structure'라고 불리는 상대론적인 효과를 비롯한, 다양한 섭동에 기인한다.)

단순히 재미있는 숫자 놀음이라고 치부하기에는, 발머의 공식이 수소에서 나오는 빛의 스펙트럼을 너무나 정확하게 기술했다. 공식이 이렇게 정확하게 들어맞는 데는 어떤 이유가 있을 것이다.

스웨덴의 물리학자 요하네스 뤼드베리Johannes Rydberg도 비슷한 생각을 했다. 뤼드베리도 수소 스펙트럼 문제를 고민하다가, 발머의 공식을 다음과 같이 살짝 바꾸어 보았다.

$$\frac{1}{\lambda} = R_H \left(\frac{1}{2^2} - \frac{1}{n^2} \right)$$

여기서 $R_H = 4/B$는 '뤼드베리 상수Rydberg constant'라고 불린다. 별것 아닌 듯 보이지만, 뤼드베리는 발머 공식을 거꾸로 뒤집음으로써 발상까지 뒤집은 것이다. 똑같은 공식을 거꾸로 뒤집는 것이 대수인가 싶을 것이다. 그런데 공식을 뒤집어 놓고 보면 그 안에 숨겨진 수학적인 구조가 마법처럼 드러난다. 즉, 괄호 안 분모에 있는 수 2^2을 일반적인 정수의 제곱 n'^2으로 치환할 수 있다.

$$\frac{1}{\lambda} = R_H \left(\frac{1}{n'^2} - \frac{1}{n^2} \right)$$

여기서 n'은 n보다 작은 양의 정수다. 이것이 바로 그 유명한 뤼드베리 공식Rydberg formula이다.

자, 그런데 공식을 이렇게 쓰고 보니 재미있는 아이디어가 하나 떠오른다. 혹시 수소 원자에서 나오는 빛이란, 기본적으로 전자가 높은 에너지 상태에 있다가 낮은 에너지 상태로 떨어지면서 방출되는 것이 아닐까?

$$E_{photon} = E_{high} - E_{low}$$

여기서 E_{photon}는 광자의 에너지이고, E_{high}와 E_{low}는 전자의 높은 에너지와 낮은 에너지다.

빛은 광자photon로 양자화된다. 알베르트 아인슈타인Albert Einstein의 광전 효과photoelectric effect 이론에 따르면, 광자의 에너지와 빛의 파장은 다음과 같은 관계에 있다.

$$E_{photon} = \frac{hc}{\lambda}$$

여기서 h는 플랑크 상수Planck constant이고, c는 광속이다. 이제 이 관계식과 뤼드베리 공식을 결합하면, 다음과 같은 결론을 얻는다.

$$E_{photon} = \frac{hc}{\lambda} = Ry\left(\frac{1}{n'^2} - \frac{1}{n^2}\right) = E_n - E_{n'}$$

여기서 $Ry=hcR_H$는 '뤼드베리 에너지 단위Rydberg unit of energy'라고 불린다. 앞선 아이디어에 따르면, E_n과 $E_{n'}$은 각각 E_{high}와 E_{low}에 해당한다. 결과적으로, 수소 원자 안에서 전자의 에너지는 다음과 같이 띄엄띄엄 양자화되어야 한다.

$$E_n = -\frac{Ry}{n^2}$$

여기서 n은 전자의 상태를 나타내는 양의 정수다. 즉, 수소에서 나오는 빛은 전자가 E_n의 에너지를 가지는 상태에서 $E_{n'}$의 에너지를 가지는 상태로 떨어지면서 발생하는 것이다.

참고로, 가장 낮은 에너지를 가지는 상태를 '바닥 상태ground state'라고 하고, 바닥 상태보다 높은 에너지를 가지는 상태를 일반적으로 '들뜬 상태excited state'라고 한다. 그리고 이와 같이 양자화된 에너지를 지닌 상태를 통칭해서 '에너지 준위energy level'라고 부른다. 그런데 에너지는 정말로 이렇게 띄엄띄엄 있는 것일까? 에너지가 정말 양자화된다면 그 이유가 있을 것이다.

1913년, 닐스 보어Niels Bohr는 수소 원자 안에서 전자의 에너지가 양자화되는 것을 설명하기 위해 마치 발머가 그랬듯이 아무런 물리적 근거도 없는 가정을 하나 떠올렸다. 보어의 가정은 바로 각운동량angular momentum이 플랑크 상수의 정수 배로 양자화된다는 것이었다.

$$L = n\hbar$$

여기서 n은 0보다 큰 정수이고, $\hbar$는 '환원된 플랑크 상수reduced Planck constant'라고 불리는 양으로서 플랑크 상수 h를 2π로 나눈 것이다. (퀴즈: n은 왜 0이 될 수 없을까?)

참고로, 보통의 운동량이 직선 운동의 세기를 재는 물리량이라면 각운동량은 회전 운동의 세기를 재는 물리량이다. 수학적으로, 각운동량은 회전 중심으로부터의 거리 r과 운동량 $p=mv$의 곱이다. 여기서 m은 전자의 질량이고, v는 전자의 속도다. 다시 말해서, 전자의 각운동량은 다음과 같이 쓰인다.

$$L = mrv$$

보어의 가정에 따르면, 다음과 같은 방정식을 얻는다.

$$mrv = n\,\hbar$$

여기서 강조하고 싶은 점이 하나 있다. 보어는 엄밀한 이론적인 근거 없이 순전히 실험 결과를 설명하기 위해 '꼼수'를 고안한 것이다. 일반인들은 과학자들이 언제나 충분한 근거를 가지고 논리적으로 차근차근 접근한 끝에 어떤 발견에 이른다고 여기기 쉽다. 물론 이런 경우도 많이 있다. 하지만 근거가 충분히 주어지지 않은 상태에서 물리적인 직관만으로 혁신적인 발견의 돌파구를 마련하는 경우도 종종 있다. 보어의 가정이 바로 이 경우에 해당한다.

이제 보어의 가정이 정말로 전자의 에너지를 양자화하는지 알아보자. 수소 원자 안에서 전자의 에너지는 두 부분으로 이루어진다. 하나는 전자 자체의 운동에 의한 운동 에너지이고, 다른 하나는 전자와 원자핵이 서로 끌어당기는 전기력electric force에 의한 위치 에너지 또는 퍼텐셜 에너지potential energy다.

$$E = \frac{1}{2}mv^2 - \frac{e^2}{r}$$

여기서 e는 전자의 전하다. 따라서 우리는 전자의 속도 v, 전자와 원자핵 사이의 거리 r이 어떻게 양자화되는지를 알아야 한다.

(막간의 일반물리학 강의) 운동 에너지와 퍼텐셜 에너지란?

운동 에너지의 의미는 직관적이다. 속도가 빠를수록, 즉 운동의 세기가 강할수록 운동 에너지는 커진다. 구체적으로, 운동 에너지는 속도의 제곱에 비례한다. (퀴즈: 왜 그럴까?)

반면, 퍼텐셜 에너지의 의미는 설명이 더 필요하다. 퍼텐셜 에너지는 '위치 에너지'로 불리기도 하는데, 그 이유는 아무 속도 없이 주어진 위치에 있는 것만으로도 특정한 에너지를 지닐 수 있기 때문이다. 위치 에너지는 눈에 보이지 않고 숨어 있다는 뜻에서 '잠재된potential' 에너지다.

예를 들어, 우리가 롤러코스터에 타고 있다고 해보자. 롤러코스터는 레일의 가장 높은 지점에서의 위치 에너지가 운동 에너지로 변환되는 과정에서 발생하는 열차의 운동을 이용한다. 물리적으로 말해, 우리가 느끼는 스릴은 열차

의 운동 에너지의 변화, 즉 가속도에 기인한다. 운동 에너
지와 퍼텐셜 에너지는 서로 변환되지만 그들의 합인 전체
에너지는 일정하게 유지된다. 이를 '에너지 보존 법칙energy
conservation law'이라고 한다.

먼저 전자가 안정적인 궤도를 유지하려면, 원자핵이 전자를 당기
는 전기력이 전자의 운동으로 인한 원심력centrifugal force과 균형을 이
루어야 한다.

$$\frac{e^2}{r^2} = \frac{mv^2}{r}$$

여기서 좌변은 이른바 '쿨롱의 법칙Coulomb's law'에 의해 기술되는
전기력을 나타낸다. 쿨롱의 법칙에 따르면, 전기력은 뉴턴의 만유인
력의 법칙Newton's law of universal gravitation과 같이 거리의 제곱에 반비례
한다. 우변은 원심력을 나타낸다. 원심력은 속도의 제곱에 비례하고
거리에 반비례한다. 직관적으로 말해, 원심력은 물체를 빙빙 돌릴 때
밖으로 나아가려는 힘이다. 이 공식을 잘 정리하면 다음과 같이 쓸
수 있다.

$$mrv^2 = e^2$$

그다음 보어의 가정인 각운동량의 양자화 조건을 쓰면, 전자의 속도는 다음과 같이 양자화된다.

$$v = \frac{e^2}{n\hbar}$$

(이 공식은 앞선 퀴즈, 즉 n은 왜 0이 될 수 없는지에 대한 힌트를 준다.) 비슷한 대수 작업을 거치면, 전자 궤도의 반경도 다음과 같이 양자화된다.

$$r = \frac{\hbar^2}{me^2} n^2$$

최종적으로 위의 두 결과를 이용해, 수소 원자 안에서 전자의 에너지를 구하면 다음과 같다.

$$E = \frac{1}{2} mv^2 - \frac{e^2}{r} = -\frac{Ry}{n^2}$$

여기서 $Ry = me^4/2\hbar^2$이다. 드디어 우리는 원하는 공식에 도달했다. 그뿐만 아니라, 아주 만족스럽게도, 우리는 이제 뤼드베리 에너지 단위를 더 근본적인 물리 상수들인 전자의 질량, 전자의 전하, 플랑크 상수로 표현할 수 있게 되었다.

결론적으로, 전자가 원자핵 속으로 떨어지지 않고 안정적인 원자를 구성하는 이유는 전자의 궤도가 양자화되기 때문이다. 특히, 양자화된 전자의 궤도에는 최소 반경(즉, $n=1$인 경우)이 있다. 이보다 작은 반경을 가지는 궤도는 존재할 수 없다. 따라서 전자는 원자핵 속으로 떨어질 수 없다.

그런데 잠깐, 보어의 가정은 도대체 왜 들어맞을까?

· ·• 파동-입자 이중성 •· ·

보어의 원자 모형은 성공적이지만, 다양한 의문을 남긴다. 그중 가장 큰 의문이 '각운동량은 왜 양자화되는가' 하는 것이다. 다행히도, 각운동량이 양자화되는 이유는 아인슈타인에 의해 설명되었다. 아인슈타인이 당시 루이 드브로이Louis de Broglie가 제안한 파동-입자 이중성 이론을 알고 있었던 덕분이다.

그런데 재미있게도, 드브로이의 파동-입자 이중성 이론은 거꾸로 아인슈타인의 광자 이론으로부터 깊은 영향을 받았다. 드브로이가 생각하기에, 보통 파동이라고 여겨지는 빛이 입자라면 보통 입자로 여겨지는 전자도 파동이어야 했다. 이 생각을 발전시킨 결과가 바로 드브로이의 1924년 논문 「양자 이론에 관한 연구Recherches sur la théorie des quanta」다.

이 논문에서 제안된 파동-입자 이중성에 따르면, 운동량 p를 가지는 입자는 파장 λ를 가지는 파동처럼 행동한다. 파동-입자 이중성을 수학적으로 표현하면 다음과 같다.

$$\lambda = \frac{2\pi\hbar}{p}$$

아인슈타인은 드브로이의 파동-입자 이중성 이론을 쓰면 보어의 양자화 조건을 유도할 수 있음을 깨달았다. 즉, 보어의 양자화 조건은 다름 아닌 전자의 파동이 원형 궤도 위에서 출렁거리며 공명을 일으키는 조건이었던 것이다!

간단하게 말해서 공명이란, 파동이 사라지지 않고 오랫동안 살아남는 현상이다. 그리고 공명이 일어나려면, 1장에서 설명했듯이, 일종의 보강 간섭이 일어나야 한다.

영의 이중 슬릿 실험에서 보강 간섭이 어떻게 일어났는지 기억을 되살려 보자. 먼저, 2개의 얇은 틈이 세로로 뚫린 벽에 도달한 전자는 2개의 분신으로 쪼개진다. 그다음 전자의 두 분신들은 2개의 서로 다른 경로를 지나 스크린에 도달하고, 그곳에서 서로 만난다. 이때 분신들은 소멸하며, 그 위치에는 원래의 전자가 다시 나타난다. 원래의 전자가 나타날 확률은 두 분신들이 차고 있는 양자 시계의 파동 함수 초침의 합에 의해 결정된다. 분신들의 파동 함수 초침의 방향이 서로 일치하면, 보강 간섭이 일어나고 확률은 증폭된다.

자, 이제 원자의 경우를 생각해 보자. 원자의 경우에는, 전자의 파동이 원형 궤도 위에서 출렁거린다. 파동은 원형 궤도의 한 바퀴를 돌고 나면 원래 위치로 돌아온다. 이러한 상황에서 파동은 분신이 아니라 자기 자신과 간섭을 일으키는 것이다.

그렇다면 원형 궤도에서 보강 간섭이 일어나는 조건은 무엇일까?

곰곰이 잘 생각해 보면, 그것은 원둘레의 길이가 파장의 정수배가 되는 조건이다.

$$2\pi r = n\lambda$$

그림 6이 보강 간섭 조건을 시각적으로 이해하도록 도와줄 것이다. 이렇게 보강 간섭을 통해 공명을 일으키는 파동이 바로 정상파다.

이제 이 공명 조건과 드브로이의 파동-입자 이중성을 결합하면 다음과 같은 공식을 얻는다.

$$2\pi r = \frac{2\pi n\hbar}{p}$$

그리고 우변의 분모에 있는 p를 좌변으로 옮기면, 우리는 드디어 보어의 양자화 조건을 얻는다.

$$L = rp = n\hbar$$

아름답지 않은가?

그런데 독자들도 느낄지 모르겠지만, 보어의 원자 모형은 그 아름다움에도 불구하고 당시 물리학자들에게 아직 완전한 이론이 아니라는 느낌을 강하게 주었다. 이 느낌에는 다양한 이유가 있었겠지만, 무엇보다도 전자의 파동이 실제로 존재하는 물리적인 대상인지, 아니

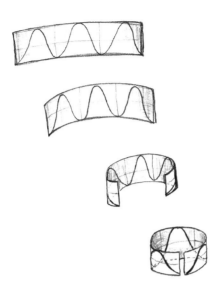

원형 궤도에서 보강 간섭이 일어나는 조건

면 단지 에너지의 양자화를 설명하는 데 필요한 수학적 개념인지 불분명했다. 전자의 파동이란 대체 무엇일까?

· · ·ᆞ 파동 함수의 세계 ·ᆞ· ·

전자의 파동, 즉 파동 함수가 정말 무엇인지를 깨닫기는 어렵다. 솔직히 말하면, 어느 누구도 파동 함수의 의미를 제대로 이해한다고 말하기 쉽지 않다. 파동 함수의 깊은 철학적인 의미에 대해서는 아직도 많은 물리학자들이 고민하고 있다.

우리는 당분간 파동 함수의 철학적 의미에 대해 생각하지 않을 것이다. 그보다는 보어의 모형에 담겨 있는 실질적인 문제부터 살펴보자.

앞의 설명에 따르면, 전자의 파동은 원형 궤도에 한정된다. 그런데 전자의 파동은 왜 하필이면 원형 궤도에 한정되는 것일까? 다시 말해, 무릇 파동이란 공간에 널리 퍼져 출렁거리는 것이 아닌가? 전자의 파동은 원형 궤도에 한정되지 않고 3차원 공간에서 자유롭게 출렁거려야 하지 않을까?

그렇다. 그런데 전자의 파동은 고전적인 파동이 아니다. 전자의 파동을 기술하려면, 새로운 파동 방정식이 필요하다. 그런데 이 새로운 파동 방정식을 기술하는 이론이 바로 양자역학이다. 그리고 양자역학의 모든 이야기는 파동 함수에서 시작한다.

양자역학의 세계로 넘어가기 전에, 고전역학에 대해 잠깐 생각해 보자. 고전역학의 모든 이야기는 입자의 위치와 속도에서 시작한다. 즉, 어떤 주어진 순간에 입자의 위치와 속도를 알면, 입자의 운명은 완전히 결정된다. 따라서 입자의 위치와 속도를 동시에 알 수 있다는 점에서, 보어의 원자 모형은 고전역학적이다. 그런데 각운동량과 에너지가 양자화되기에 양자역학적이기도 하다. 그래서 전문적으로 보어의 원자 모형은 '준고전적semiclassical'이라고 불린다.

본격적인 양자역학의 세계로 넘어가려면, 모든 것을 파동 함수의 관점에서 생각해야 한다. 무슨 뜻일까?

입자는 공간에 궤적을 만든다. 파동은 공간에 퍼져서 출렁거린다.

둘은 매우 다르다. 하지만 양자역학에 따르면, 입자와 파동은 파동 함수의 서로 다른 모습에 불과하다. 이것이 파동-입자 이중성이다.

여기 전자의 상태를 기술하는 파동 함수가 있다고 해보자. 이 파동 함수는 전자의 상태를 나타내는 모든 정보를 담고 있어야 한다. 예를 들어, 파동 함수는 전자의 운동량에 대한 정보를 가지고 있어야 한다. 전자가 고전역학적인 입자일 뿐이라면, 전자의 운동량은 단순히 전자의 질량 곱하기 속도다. 그런데 전자가 파동이라면, 전자의 운동량은 무엇일까?

전자의 파동도 파도처럼 일정한 속도를 가지고 전파될 수 있다. 그렇다면 이 속도가 바로 전자의 속도일 것이다. 그런데 문제는 질량이다. 파도의 질량이 정의되지 않듯이, 전자의 파동도 질량을 정의할 수 없다. 그렇다면 파동 함수의 다른 어떤 성질이 전자의 운동량을 통째로 말해줄 수는 없을까?

드브로이의 파동-입자 이중성을 통하면, 그럴 수 있다. 즉, 전자의 운동량은 파동 함수의 파장에 반비례한다. 파동-입자 이중성을 아래와 같이 다시 써보자.

$$p = \frac{2\pi\hbar}{\lambda}$$

자, 그럼 우리에게 어떤 파동 함수가 주어진다고 할 때, 그것의 파장은 어떻게 계산할까? 파장은 출렁거림의 주기다. 그리고 출렁거림이란 파동이 주기적으로 변하는 것이다. 따라서 파동이 변하는 주기를 알면, 파장을 알 수 있을 것이다. 그런데 파동이 변하는 정도를 알면, 파동이 변하는 주기도 유추할 수 있지 않을까?

파동이 변하는 정도는 파동 함수의 기울기, 즉 미분 값을 보면 알 수 있다. 그렇다면 결국 파동의 운동량은 파동 함수의 미분 값에 비례하지 않을까?

이쯤에서 약간 미친 생각을 떠올려 보자. 파동의 운동량이라는 것이 사실은 보통의 숫자가 아니라 미분differentiation을 취하는 행동, 그 자체가 아닐까? 예를 들어, x에 대해 미분을 취하는 행동은 수학적으로 다음과 같이 표현된다.

$$\frac{\partial}{\partial x}$$

이를 '미분 연산자differential operator'라고 하는데, 미분 연산자의 의미는 그것의 우측에 일종의 함수가 오면 그것을 미분한다는 것이다.

$$\frac{\partial}{\partial x} f(x) = \frac{\partial f(x)}{\partial x}$$

참고로, 이 미분은 편미분이다. 특별히 편미분의 형태로 쓰인 이유는 일반적으로 파동 함수가 2개 이상의 변수에 의존하기 때문이다. 그렇다면 파동 함수의 운동량이란 다음과 같은 미분 연산자가 아닐까?

$$p = \hbar \frac{\partial}{\partial x}$$

이 추측은 거의 맞았지만, 아쉽게도 틀렸다. 정확한 답은 다음과 같다.

$$p = -i\hbar \frac{\partial}{\partial x}$$

이 답이 맞는 이유는 운동량을 이렇게 정의해야만, 드브로이의 파동-입자 이중성을 만족시키는 파동 함수가 존재할 수 있기 때문이다. 그래서 파동-입자 이중성 공식은 이제 단순한 숫자로 이루어진 방정식이 아니라, 파동 함수가 만족시켜야 하는 미분 방정식differential equation이 된다. (즉, 파동 함수는 이 미분 방정식의 해다.)

$$p\psi(x) = \frac{2\pi\hbar}{\lambda}\psi(x)$$

앞서 정의된 운동량 연산자를 이용해 이 방정식을 다시 써보자. 이 때 $k = 2\pi/\lambda$는 '파수wave number'라고 한다.

$$-i\frac{\partial}{\partial x}\psi(x) = k\psi(x)$$

간단히 말해, 이 방정식은 미분 값이 자기 자신에 비례하는 함수를 찾는 방정식이다. 그런데 우리는 이러한 성질을 지니는 함수를 1장에서도 배웠다. 바로 허수를 품은 지수 함수다.

$$\psi(x) = e^{ikx}$$

1장에서 배운 공식과 비교하면, 여기서 파동 함수의 각도는 $\theta = kx$다. 이것이 의미하는 바는 파동 함수의 각도가 거리에 비례해 증가한다는 것이다. 다시 말해, 파동 함수의 초침은 파동이 지나가는 거리에 비례해서 계속 돌아간다. 이 파동 함수에 의해 기술되는 파동을 '평면파plane wave'라고 부른다.

다음 절에서는 앞에서 정의된 운동량 연산자를 가지고 파동 함수의 동역학을 기술하는 방정식, 즉 슈뢰딩거 방정식Schrödinger equation을 구체적으로 유도해 보자.

· ·· 슈뢰딩거 방정식 ·· ·

슈뢰딩거 방정식의 유도는 에너지 공식에서 시작된다. 그리고 에너지는 운동 에너지와 퍼텐셜 에너지의 합이다.

$$E = \frac{1}{2}mv^2 + U(x)$$

여기서는 편의상 입자가 1차원(즉, x방향)에서 운동한다고 가정했다. 이제, 운동 에너지 부분을 운동량(즉, $p=mv$)의 함수로 다시 표현해 보자.

$$E = \frac{1}{2m} p^2 + U(x)$$

이렇게 다시 표현하는 이유는, 드브로이의 파동-입자 이중성 공식이 단순히 숫자로 이루어진 방정식이 아니라 미분 방정식으로 바뀌는 것과 동일하게, 운동량을 미분 연산자로 치환해 에너지 공식을 다음과 같은 미분 방정식으로 바꾸기 위해서다.

$$E\psi(x) = \left[-\frac{\hbar^2}{2m} \frac{\partial^2}{\partial x^2} + U(x) \right] \psi(x)$$

이것이 바로 슈뢰딩거 방정식이다!

참고로, 운동량을 미분 연산자로 치환한 에너지를 특별히 '해밀토니언Hamiltonian'이라고 부른다.

$$H = -\frac{\hbar^2}{2m} \frac{\partial^2}{\partial x^2} + U(x)$$

해밀토니언을 쓰면 슈뢰딩거 방정식은 다음과 같이 간단해진다.

$$E\psi(x) = H\psi(x)$$

모든 양자역학 문제는 원칙적으로 슈뢰딩거 방정식을 푸는 것으로 귀결된다. 다만, 문제는 슈뢰딩거 방정식을 푸는 것이 말처럼 쉽지 않다는 데 있다. 일반적인 상황에서 해밀토니언은 매우 복잡하다.

당장, 입자가 가공의 1차원 공간이 아니라 실재하는 3차원 공간에서 운동하고 있다고 해보자. 그러면 해밀토니언 자체는 어렵지 않게 3차원으로 확장된다.

$$H = -\frac{\hbar^2}{2m}\left(\frac{\partial^2}{\partial x^2} + \frac{\partial^2}{\partial y^2} + \frac{\partial^2}{\partial z^2}\right) + U(x, y, z)$$

특히, 수소 원자 속 전자의 파동 함수를 기술하는 해밀토니언은 다음과 같이 쓰인다.

$$H = -\frac{\hbar^2}{2m}\left(\frac{\partial^2}{\partial x^2} + \frac{\partial^2}{\partial y^2} + \frac{\partial^2}{\partial z^2}\right) - \frac{e^2}{r}$$

여기서 말하는 피텐셜 에너지는 전자와 원자핵 사이의 전기력으로 인한 쿨롱 퍼텐셜 에너지Coulomb potential energy다. 참고로, 쿨롱 퍼텐셜 에너지는 중력의 경우와 비슷하게 전자와 원자핵 사이의 거리, 즉 $r = \sqrt{x^2 + y^2 + z^2}$에 반비례한다.

원칙적으로, 이 해밀토니언으로 표현되는 슈뢰딩거 방정식을 풀 수 있으면 수소 원자의 에너지 준위를 모두 구할 수 있다. 하지만 딱 보면 알 수 있듯이, 슈뢰딩거 방정식을 실제로 푸는 것은 그리 쉽지 않다.

다행히도, 우리는 수소 원자의 슈뢰딩거 방정식이 어떻게 풀리는지 알 수 있다. 유능한 선배 물리학자들이 잘 풀어놓았기 때문이다. (하지만 불행히도, 그 풀이 과정을 여기서 자세히 다룰 수는 없다. 더 자세한 설명은 다음을 기약하기로 하자.)

풀이 과정 없이 결론만 말하면, 수소 원자의 슈뢰딩거 방정식을 풀어서 얻은 결과는 보어가 제시한 원자 모형의 결과와 완벽하게 일치한다. 다시 말해, 수소 원자의 슈뢰딩거 방정식을 정확하게 풀어보면, 보어의 원자 모형이 제시한 에너지 공식이 나온다. 여기에 재미있는 사실이 있다. 보어의 원자 모형이 이렇게 들어맞은 것이 우연이라는 점이다. 엄밀히 말해서, 보어의 원자 모형과 슈뢰딩거 방정식은 서로 완전히 다른 이론이기 때문이다.

역사적으로 보면, 보어의 원자 모형이 성공적이었기에 많은 물리학자들은 파동-입자 이중성 이론을 확장한 양자 이론이 존재할 것이라고 믿었다. 특히, 파동-입자 이중성 이론을 준고전적으로 확장하려는 노력이 있었다. 보어-조머펠트 양자화Bohr-Sommerfeld quantization라는 방법을 이용한 '구식 양자 이론old quantum theory'이 바로 그것인데, 이름처럼 결국 실패로 돌아갔다.

그럼에도 물리학자들은 각고의 노력 끝에, 마침내 본격적인 양자역학을 만들어 냈다. 보어의 원자 모형에서 받은 감동이 그들을 바른 길로 이끈 것이다. 그런데 사실, 보어의 원자 모형은 최종적으로 완성된 양자역학과 정확하게 들어맞을 이유가 전혀 없다. 그저 우연히 맞아떨어진 것뿐이다. 과학의 발전은 정말 오묘하다.

그렇다면 수소 원자가 아닌 다른 원자의 경우는 어떨까? 다행히도, 수소 원자를 잘 이해하고 나면 다른 원자들도 정확하지는 않더라도 근본적으로 같은 방식으로 이해할 수 있다. 수소 원자와 다른 원자의 가장 큰 차이는 원자핵의 전하량quantity of electric charge, 즉 원자번호atomic number일 뿐이다. 다시 말해, 일반적으로 다른 원자의 원자핵은 1개보다 많은 전자들을 끌어당긴다.

예를 들어, 탄소 원자핵은 양성자 6개와 2개에서 16개 사이의 중성자로 이루어져 있다. 따라서 탄소 원자핵은 보통 전자 6개를 끌어당긴다. 이렇게 끌어당겨진 전자 6개가 탄소 원자핵 주위에서 조화로운 공명을 일으킬 때 탄소 원자가 만들어진다. 그런데 전자들이 자기들끼리 상호작용 하지는 않을까? 전자들이 서로 강하게 상호작용 한다면, 그것들이 이루는 공명의 구조도 아주 복잡해질 것이다. 그런데 다행히도, 전자들의 상호작용은 그리 강하지 않다.

그래서 탄소 원자는 대략적으로 전하량만 조금 더 큰, 수소 원자와 동일한 구조를 지니는 원자로 기술될 수 있다. 즉, 전하량이 보정된 수소 원자 모형으로 기술될 수 있다. 말하자면,

태양계의 행성들이 태양을 중심으로 서로 다른 궤도 위에서 사이좋게 공전하는 것처럼, 원자 속 전자들은 전하량이 보정된 수소 원자의 서로 다른 에너지 준위를 채우며 조화롭게 공명한다.

정리해 보자. 원자의 에너지 준위는 그에 해당하는 슈뢰딩거 방정

식을 풀면 알 수 있다. 원자 속 전자들은 서로 거의 독립적으로 행동한다. 이런 상황에서 원자의 에너지 준위는, 전하량이 보정된 수소 원자의 에너지 준위를 전자들이 낮은 에너지부터 높은 에너지까지 차곡차곡 채워 올라가는 것으로 이해할 수 있다. 이것으로 우리는 우주에 존재하는 원자의 보편적인 구조를 이해할 수 있게 되었다.

그런데 잠깐, 원자의 보편적인 구조를 이해한다는 것은 우주의 모든 물질이 지닌 성질을 이해한다는 것과 같은 의미일까?

·∙· 사람, 흑연, 다이아몬드 ·∙·

사람은 축축한 탄소 덩어리다. 사람의 몸 대부분이 물과 탄소로 이루어져 있기 때문이다. 물을 빼버리면 사람은 기본적으로 탄소 덩어리인 것이다. 그렇다면 탄소를 잘 이해하면 사람도 잘 이해할 수 있을까? 당연히 그렇지는 않다.

탄소와 다른 원자들을 적절히 조합해 만들 수 있는 물질의 상태는 무궁무진하게 많다. 레고 몇 조각으로 엄청나게 다양한 작품들을 만들고 유한한 픽셀들로 무수한 이미지들을 만들 수 있는 것과 마찬가지다. 탄소를 잘 이해한다고 해서, 탄소와 다른 원소를 조합해 만들 수 있는 모든 가능성을 알 수는 없는 노릇이다. 다만, 재미있는 사실은 다른 원소 없이 순전히 탄소만으로도 성질이 전혀 다른 물질 상태를 만들 수 있다는 점이다. 바로 흑연graphite과 다이아몬드diamond다.

흑연과 다이아몬드는 가격도 가격이지만 물리적인 성질도 서로 극과 극으로 다르다. 흑연은 검고 불투명하며 잘 부서지는데, 다이아몬드는 투명하며 세상에서 가장 단단하다. 그런데 이토록 다른 두 물질이 탄소라는 하나의 원료로 이루어져 있다. 둘 사이의 차이는 탄소 원자들이 이루는 격자lattice 구조뿐이다.

먼저 흑연은, 벌집 모양으로 2차원 격자 구조를 이루는 탄소 원자들이 층층이 쌓여 만들어진다. 참고로, 이 2차원 격자 구조가 바로 요즘 유명한 그래핀graphene이라는 물질이다. 그러니까 흑연이란 그래핀이 시루떡처럼 층층이 쌓여 만들어진 물질인 셈이다. 그래핀들 사이에서 이루어지는 상호작용은 이른바 '반데르발스 상호작용van der Waals interaction'이라고 알려진 상대적으로 매우 약한 힘이다. 반데르발스 상호작용이 약하다는 것은 흑연의 표면이 쉽사리 벗겨진다는 점을 통해서도 미루어 알 수 있는데, 이는 흑연이 연필심으로 쓰이는 한 가지 이유다. 그렇다면 그래핀은 왜 육각형의 벌집 모양을 형성하는 것일까?

고체를 구성하는 원자들의 결합 구조는 주로 원자의 가장 바깥을 차지하는 전자의 궤도, 즉 최외각 궤도에 의해 결정된다. 탄소는 최외각 궤도에 4개의 전자를 가지고 있다. 결과적으로, 탄소는 마치 4개의 연결 고리가 밖으로 뻗어 있는 레고같이 행동한다.

그래핀에서는 이 4개의 연결 고리 중 3개가 서로 120도를 이루며 2차원 평면에 펼쳐져 있다. 이렇게 펼쳐진 연결 고리 3개는 주변 탄소 원자에서 나오는 다른 3개의 연결 고리들과 자연스레 연결된다.

그래서 2차원 격자 구조는 벌집 모양을 형성하는 것이다. 그렇다면 나머지 연결 고리 1개는 어디 갔을까? 이 연결 고리는 2차원 평면을 벗어나 3차원을 향한다. 이 연결 고리에 담긴 전자는 2차원 평면에서 벗어나, 2차원 평면의 위나 아래 방향으로 자유롭게 떠다닐 수 있게 되는 것이다.

반면, 다이아몬드는 탄소의 최외각 전자 4개가 서로 3차원적으로 최대한 벌어지며 만들어진다. 말하자면, 다이아몬드에서 탄소 원자는 정사면체tetrahedron 모양의 레고 블록이 되는 것이다. 정사면체는 기하학적으로 매우 안정적이다. 그런데 이 정사면체 레고 블록이 최대한 빽빽하게 쌓여 만들어지는 물질이 바로 다이아몬드다. 탄소들이 서로 어떻게 결합하는지에 따라, 세상에서 가장 단단한 물질이 탄생하는 것이다.

자, 탄소는 이렇게 흑연을 만들기도 하고 다이아몬드를 만들기도 한다. 그렇다면 무엇이 탄소로 하여금 흑연과 다이아몬드 가운데 하나를 선택하도록 만드는 것일까?

먼저 온도와 압력이 있다. 사랑하는 연인들은 종종 변하지 않는 사랑을 약속하며 다이아몬드 반지를 서로에게 선물하지만, 실제로 다이아몬드는 보통의 온도와 압력, 즉 상온과 1기압에서 아주 천천히 흑연으로 변한다. 다이아몬드는 높은 압력에서나 비로소 안정화된다. 다시 말해, 다이아몬드가 형성되는 온도와 압력이 있고, 흑연이 형성되는 온도와 압력이 있다. 그리고 사실, 흑연과 다이아몬드는 탄소의 고체 상태일 뿐이고, 온도와 압력에 따라 액체나 기체 상태로도 변할 수 있다.

물론, 탄소만 그런 것은 아니다. 물질은 온도와 압력 같은 외부 조절 변수가 주어지면 그에 맞추어 상태를 바꾼다. 그리고 고체 상태가 되기 위해서는 특히, 원자들이 자발적으로 격자 구조를 형성해야 한다. 자발적으로 격자 구조를 형성한다니, 이것이 무슨 뜻일까?

원자들은 실제로 액체나 기체 상태에서 아무 공간에 위치할 수 있다. 그러나 고체 상태에서는 '자발적으로' 자신들에게 걸맞는 격자 구조를 형성한다. 어떠한 것도 개별 원자에게 '너는 이곳, 너는 저기' 하고 명령하지 않기 때문이다. 그리고 격자 구조가 일단 형성되고 나면, 원자들은 그 구조가 허용하는 위치에만 머문다. 다시 말해, 공간에서 모든 위치가 동등하다는 성질, 즉 병진 대칭성translational symmetry이 자발적으로 깨지는데, 이를 전문적으로는 '자발적 대칭성 깨짐spontaneous symmetry breaking'이라고 부른다. 거칠게 말해,

> 탄소는 자발적 대칭성 깨짐을 통해 사람이 될 수도,
> 흑연이 될 수도, 다이아몬드가 될 수도 있는 것이다.

잠깐만! 우리가 아는 한, 우주는 결정론적으로 작동한다. 예를 들어, 사과가 나무에서 떨어지면 아무 때나 그리고 아무 곳에나 떨어지는 것이 아니다. 사과는 뉴턴의 운동 법칙과 만유인력의 법칙에 의해 예측되는 정확한 시점과 장소에 떨어진다. 다시 말해, 우주의 동역학은 물리법칙에 의해 완벽하게 결정된다. 그렇다면 결정론적인 우주

에서 자발적으로 행동한다는 것이 가능하기는 한가? 혹시 이 자발적 대칭성 깨짐이라는 것이 장미, 여우, 어린 왕자를 포함한 우리 모두를 각자 특별한 존재로 만들어 주는 어떤 비밀을 품고 있지는 않을까?

3장

빛
: 불변에 관하여

Light: On the Invariance

세상에 변하지 않는 것이 있을까?

　2001년 영화〈봄날은 간다〉의 주인공 상우는 어느 날 치매를 앓는 할머니가 집을 나서자 자전거를 타고 할머니의 뒤를 따라간다. 늘 그랬듯이 할머니는 기차역으로 죽은 할아버지를 마중 나간 것이다. 할머니와 함께 기차역 의자에 앉아서 돌아오지 않을 할아버지를 한참이나 기다리다, 상우는 할머니에게 이제 그만 집으로 가자고 말한다.

　그러던 상우는 강릉의 한 방송국 PD로 일하는 은수를 만난다. 사운드 엔지니어인 상우는 그렇게 은수와 함께 강원도의 여러 소리들을 녹음하러 다니게 되고, 녹음 작업이 밤 늦게 끝난 어느 날 은수를 집까지 데려다준다. 상우가 은수에게 호감을 가진 만큼이나 상우에게 호감을 느끼던 은수는 집으로 들어가다 말고 상우에게 묻는다.

　　　　　　　　"라면 먹을래요?"

그림 7 영화 〈봄날은 간다〉의 엔딩 장면

상우와 은수는 그렇게 사랑에 빠진다. 하지만 서로의 다른 모습에 끌려 사랑에 빠진 그들은 사랑을 대하는 태도에서 서로 너무나 달랐다. 상우가 생각하는 사랑은 할아버지를 향한 할머니의 지고지순한 사랑과 함께 영화에 복선으로 깔려 있다. 상우는 바람 피운 할아버지를 마냥 기다리는 할머니와 닮았다.

은수는 상우와 다르다. 은수는 사랑에 대해 환상이 없다. 은수는 결혼한 적이 있었고, 이전의 결혼 생활은 은수의 마음을 닫아버렸다. 그리고 은수는 상우의 할아버지처럼 상우와 사귀면서도 다른 남자를 만난다.

사랑이 식어버린 은수는 상우에게 헤어지자고 말한다. 상우는 대답한다.

"어떻게 사랑이 변하니?"

상우에게 사랑은 변하지 않는 것이었다. 그러므로 사랑이 변했다면, 그것은 처음부터 진정한 사랑이 아니었던 것이다. 하지만 어쩌겠는가? 사람마다 사랑에 대한 생각이 다른 것을…….

다시 한번 물어보자.
세상에 변하지 않는 것이 있을까?

·· 불변의 법칙 ··

고대 그리스 철학자인 헤라클레이토스^{Heracleitos}는 다음과 같은 유명한 말을 남겼다.

"변하지 않는 유일한 것은 변화뿐이다."

멋지고 심오한 말이다. 하지만 이 말이 맞다면, 우리는 역설에 빠지고 만다. 이 말의 진위까지 변해야 하기 때문이다. 그래서 이 말은 에피메니데스^{Epimenides}의 역설과 비슷하다.

"모든 크레타 사람은 거짓말쟁이다."

이 말이 역설로 받아들여지는 이유는 에피메니데스가 크레타 사람이기 때문이다. 먼저, 에피메니데스의 말이 참이라고 해보자. 그러면 에피메니데스도 크레타 사람이므로, 그가 한 말도 거짓일 것이다. 그런데 에피메니데스가 거짓말을 했다면 크레타 사람은 거짓말쟁이가 아니다. 그러면 그가 한 말은 참이다. 그런데 이는 에피메니데스의 말이 참이라는 처음 가정으로 되돌아간 것이다. 즉, 이 말이 참이라면, 그가 한 말은 거짓이다. 무한히 참과 거짓을 오고 가는 것이다.

그런데 사실, 에피메니데스의 역설은 엄밀히 말해서 역설은 아니다. 왜 그럴까? 자, 에피메니데스의 말이 거짓이라고 해보자. 엄밀히 말해, 에피메니데스가 한 말의 반대말은 '모든 크레타 사람은 정직하다'가 아니라 '모든 크레타 사람이 거짓말쟁이인 것은 아니다'다. 따라서 에피메니데스는 거짓말을 하고 있지만, 크레타 사람들 중에 거짓말쟁이가 아닌 사람이 1명이라도 있으면 역설은 사라진다.

헤라클레이토스가 한 말도 비슷하다. 먼저, 헤라클레이토스의 말을 아래와 같이 살짝 바꾸어 보자.

"모든 것은 변한다."

이 말이 맞다면, 이 말의 진위도 변해야 한다. 즉, 모든 것은 변하지 않는다. 그러면 그 말의 진위가 변하지 않아야 한다. 그런데 그러면 다시 모든 것은 변해야 한다. 그런데 헤라클레이토스가 한 말의 반대말이 '모든 것이 변하는 것은 아니다'라는 것을 이해하면, 역설은 해소된다. 즉, 변화 말고도 변하지 않는 것이 하나라도 있으면 역설은 사라진다. 그런데 정말 변하지 않는 것이 있을까?

　물리학자들은 절대로 변하지 않는 몇 가지 중요한 법칙들이 있다고 믿는다. 이는 그저 순진한 믿음이 아니라, 수많은 실험적 검증들을 통과한 믿음이다. 그렇다면 이러한 불변의 법칙들에는 어떤 것들이 있을까? (어떤 물리법칙이 더 깨지기 어려운지에 대해서는 과학자들 사이에서도 때때로 의견이 갈리지만, 불변하는 물리법칙의 후보는 몇 개로 정해져 있다. 다음이 그 법칙들이다.)

* 에너지 보존 법칙
* 열역학 제2법칙 second law of thermodynamics
* 광속 불변의 원칙 principle of constancy of light velocity

이어지는 절에서는 이 물리법칙들에 대해 차근차근 알아보자.

· ·· 에너지 보존 법칙 ·· ·

고립계에서, 에너지는 보존된다.

에너지는 다양한 형태로 존재한다. 예를 들어, 지구상의 에너지 대부분은 궁극적으로 태양으로부터 온다. 먼저, 태양에서 나오는 에너지는 빛의 형태로 지구에 도달한다. 햇빛을 받은 식물은 광합성을 일으키고, 이때 생성된 유기 화합물은 탄수화물, 지방, 단백질의 형태로 에너지를 저장한다. 유기 화합물에 저장된 에너지는 먹이사슬을 거치며 점차 고등 생물로 옮겨진다. 에너지가 높은 구조에서 낮은 구조로 유기 화합물을 바꿈으로써, 생물은 다양한 생명 활동에 필요한 운동 에너지를 얻는다. 석탄, 석유와 같은 화석연료는 모두 고생물에 담긴 유기 화합물이 화석화된 것이다.

한편, 햇빛은 물을 증발시켜서 구름을 만든다. 구름은 때때로 천둥, 번개를 동반하는데, 천둥은 요란한 소리로, 번개는 강력한 전기로 구름에 담긴 에너지를 분출한다. 쉽게 말해, 번개란 구름 안에서 양극과 음극으로 갈라진 전하들이 다시 결합하면서 발생하는 전기의 흐름, 즉 전류다. 번개는 낙뢰의 형태로 땅에 닿아 불을 일으킬 수 있다. 그리고 불은 열의 형태로 에너지를 방출한다.

정리해 보면, 에너지는 이렇게 언급한 일련의 과정들을 통해 빛에너지, 화학 에너지, 운동 에너지, 소리 에너지, 전기 에너지, 열에너지 등으로 변환되었다. 에너지 보존 법칙이란 이와 같이 에너지가 다양한 형태로 변환되어도 에너지의 총량은 언제나 일정하다는 것이다.

다양한 형태를 띠는 것처럼 보여도, 에너지는 크게 두 가지로 분류된다. 바로 운동 에너지와 퍼텐셜 에너지다. 예를 들어, 빛에너지, 소리 에너지, 전기 에너지는 각각 빛, 소리, 전자의 운동 에너지다. 반면, 화학 에너지는 화합물의 특정 구조가 가지는 일종의 퍼텐셜 에너지다. 열에너지는 조금 애매해 보이지만, 물질을 구성하는 입자들이 무질서하게 요동치는 에너지라는 점에서 운동 에너지라고 할 수 있다. (열에너지는 이어지는 절에서 자세히 이야기할 것이다.) 따라서 에너지 보존 법칙이란 운동 에너지와 퍼텐셜 에너지의 합이 일정하게 유지된다는 것이다.

그런데 잠깐, 에너지 보존 법칙이 만족되기 위한 조건이 하나 있다. 에너지는 외부 환경과 완벽하게 단절된, 고립계isolated system에서만 보존된다는 것이다. (여기서 계system란 여러 개의 입자 또는 파동으로 이루어진 물리 시스템을 의미한다.) 당연한 말 같겠지만, 외부 환경과 단절되지 않으면 에너지는 계 안팎으로 들어오고 나갈 수 있다.

자, 그런데 만약 에너지가 보존되지 않는 것처럼 보인다면, 이는 에너지 보존 법칙이 깨진 것일까, 아니면 모르는 사이에 에너지가 안이나 밖으로 이동한 것일까? 사실, 이 질문과 함께 물리학의 매우 중요한 장을 열어젖힌 발견이 이루어졌다. 바로 베타 붕괴beta decay의 발견이다.

베타 붕괴는 방사능radioactivity의 일종이다. 방사능은 앙리 베크렐Henri Becquerel이 1896년에 우라늄uranium에서 처음 발견했다. 비슷한 시기에 마리 퀴리Marie Curie와 피에르 퀴리Pierre Curie 부부도 토륨thorium, 그리고 새로운 원소인 폴로늄polonium과 라듐radium에서 같은 현상을 발견해, '방사능'이라는 용어를 붙였다.

방사능은 원자핵이 붕괴하면서 강한 에너지를 지닌 빛줄기, 즉 방사선radioactive ray이 발생하는 현상을 통칭한다. 그러나 방사선은 반드시 빛일 필요는 없고, 헬륨의 원자핵이나 전자와 같은 물질로 이루어진 파동, 즉 물질파matter wave일 수도 있다.

1903년, 러더포드는 그리스 알파벳의 이름을 따서 방사선을 알파선alpha ray, 베타선beta ray, 감마선gamma ray으로 구분했다. 알파선, 베타선, 감마선을 발생시키는 방사성 붕괴를 각각 '알파 붕괴alpha decay', '베타 붕괴', '감마 붕괴gamma decay'라고 부른다.

간단하게 말하자면, 알파선은 양성자 2개와 중성자 2개로 이루어진 헬륨-4의 원자핵이고, 베타선은 전자 또는 양전자positron이고, 감마선은 파장이 매우 짧은 빛이다. 세 가지 방사선의 이름은 물질을 투과하는 강도에 따라서 그리스 알파벳의 순서대로 붙여진 것이다. 예를 들어, 알파선은 얇은 종이로 막을 수 있고, 베타선은 얇은 알루미늄 판으로 막을 수 있지만, 감마선은 납이나 철, 콘크리트와 같은 밀도가 높은 물질로 이루어진 두꺼운 차단벽으로만 막을 수 있다.

그런데 이 세 가지 중에서도 특히 베타 붕괴는 처음 발견되었을 때 아주 풀기 어려운 수수께끼 하나를 제시했다. 구체적으로, 베타 붕괴의 수수께끼란 방사선, 즉 원자핵이 붕괴한 다음 튀어나오는 전자나 양전자의 운동 에너지가 양자화되지 않고 연속적인 분포를 띤다는 것이었다. 이것이 왜 수수께끼일까?

거칠게 말해서, 베타 붕괴는 원자핵의 상태가 일종의 들뜬 상태에서 바닥 상태로 바뀌면서 전자나 양전자가 방출되는 것이다. 그렇다면 수소 원자에서 빛이 나올 때 빛의 스펙트럼이 양자화되는 것처럼 전자/양전자의 운동 에너지도 양자화되어야 한다. 하지만 실제로 방출되는 전자/양전자의 운동 에너지는 띄엄띄엄한 값을 가지지 않고 일정한 에너지 범위 안에서 연속적으로 넓게 퍼져 있었다. 다시 말해, 다 똑같은 베타 붕괴인 듯 보여도 특정한 베타 붕괴에서 방출되는 전자/양전자는 그때그때 다양한 값의 운동 에너지를 가진다. 왜 이런 일이 발생하는 것일까?

보어는 에너지 보존 법칙이 약간 깨진다면 이 문제가 해결될 수 있다고 믿었다. 조금 더 구체적으로 말하자면, 에너지 보존 법칙이 평균적으로만 성립하고 특정한 붕괴 상황에서는 조금 어긋날 수 있다고 생각한 것이다. 그는 물리학자들에게 신성불가침의 영역에 있는 에너지 보존 법칙에 도전장을 내밀었다. 하지만 이 혁신적인 아이디어가 맞으려면 에너지 보존 법칙이 너무 심하게 깨져야 했다.

베타 붕괴 문제의 올바른 해결책은 에너지 보존 법칙을 고수한 볼프강 파울리Wolfgang Pauli에 의해 제안되었다. 파울리는 전기 전하가 중성이고 다른 입자와 매우 약하게 상호작용 하는 가벼운 새로운 입자가 있을 것이라고 추정했다. 그의 추론에 따르면, 베타 붕괴 과정에서 방출되는 새로운 입자가 전체 에너지의 일부를 가지고 나가는 것이다. 즉, 베타 붕괴와 에너지 보존 법칙은 조화롭게 공존하는 것이다. 엔리코 페르미Enrico Fermi가 명명한 이 새로운 입자의 이름이 바로 '중성미자neutrino'다.

페르미는 중성미자를 이용해 구체적인 베타 붕괴 이론을 제안했는데, 이 이론으로 우주의 네 가지 근본적인 힘 가운데 하나인 약력의 존재가 밝혀진다. 그리고 약력은 훗날 전자기력과 함께 전자기약 상호작용electroweak interaction으로 통합된다.

결국 베타 붕괴의 이야기는 새로운 입자가 도입되고 에너지 보존 법칙이 유지되는 것으로 매듭지어졌다. 즉, 에너지 보존 법칙이라는 불변의 믿음을 지키기 위한 노력이 새로운 물리적 현상을 발견하도록 이끌었던 것이다. 참고로, 에너지 보존 법칙의 다른 이름은 '열역학 제1법칙first law of thermodynamics'이다.

·⋅·· 열역학 제2법칙 ·⋅··

고립계에서, 엔트로피는 언제나 증가하거나 일정하며
절대로 감소하지 않는다.

에너지 보존 법칙에 따르면, 에너지는 보존된다. 에너지는 없어지는 것이 아니다. 그렇다면 우리는 왜 에너지가 부족하다고 걱정하는가? 이상하게 들릴 수도 있지만, 에너지에는 쓸 수 있는 에너지가 있고, 쓸 수 없는 에너지가 있다. 에너지가 열에너지로 변환되고 나면, 그 에너지를 온전하게 다 쓸 수 없기 때문이다. 거칠게 말해서, 열에너지는 입자들의 무질서한 요동에 의한 에너지다. 무질서한 열에너지로부터 유용한 에너지를 뽑아내는 데는 한계가 있다.

이해를 돕기 위해, 반대로 열에너지로부터 어떻게 유용한 에너지를 뽑아낼 수 있는지 생각해 보자. 구체적으로, 열에너지를 이용해 유용한 일work을 수행하는 기계, 즉 엔진을 생각해 보자.

엔진이란 높은 온도의 열원heat source으로부터 받은 열에너지를 이용해 일을 하고, 남은 열에너지는 낮은 온도의 열 배출구heat sink로 내버리는 기계다. 엔진의 순환 과정은 다음과 같다.

1. 엔진이 높은 온도의 열원에 접촉한다. 이 과정에서 엔진 내부의 기체가 팽창한다. 팽창하는 기체는 피스톤을 움직여 일을 할 수 있다.
2. 어느 순간 엔진과 열원의 접촉이 끊어진다. 그래도 한동안 기체는 계속 팽창한다.
3. 기체가 적절히 팽창하면 엔진은 낮은 온도의 열 배출구에 접촉한다. 이제 기체는 수축하기 시작한다.
4. 어느 순간 엔진과 열 배출구의 접촉이 끊어진다. 그래도 한동안 기체는 계속 수축한다. 기체가 직질히 수축하면 엔진의 초기 상태로 돌아간다.

엔진의 순환 과정에서도 에너지는 보존된다. 즉, 열원으로부터 들어온 열에너지는 엔진이 하는 일과 열 배출구로 버려지는 열에너지의 합과 같다. 그런데 들어온 열에너지를 전혀 남기지 않고 모조리 일로 바꿀 수 없을까? 그렇게 한다면 가장 효율적인 엔진이 될 텐데 말이다. 그러나 이는 불가능하다. 왜 그런지 한번 살펴보자.

일단, 엔진의 효율 η는 열원으로부터 들어오는 열에너지 Q_1과 엔진이 하는 일 W의 비율로 정의할 수 있다.

$$\eta = \frac{W}{Q_1}$$

이제 에너지 보존 법칙, 즉 열원으로부터 들어오는 열에너지 Q_1은 엔진이 하는 일 W와 열 배출구로 버려지는 열에너지 Q_2의 합과 같다는 조건을 써서, 엔진의 효율 공식을 다음과 같이 정리해 보자.

$$\eta = \frac{Q_1 - Q_2}{Q_1} = 1 - \frac{Q_2}{Q_1}$$

만약 열에너지를 온전히 다 쓸 수 있다면, Q_2=0이고 η=1, 즉 효율이 100%가 된다. 그런데 1824년에 프랑스 물리학자 니콜라 카르노Nicolas Carnot는 이것이 불가능하다는 것을 깨달았다. 카르노 이후에 정립된 사실이지만, 열에너지의 비율 Q_2/Q_1은 가장 이상적인 경우에 온도의 비율 T_2/T_1과 같다.

여기서 T_1과 T_2는 각각 열원과 열 배출구의 온도다. 참고로, 열과 온도는 비슷해 보이지만 물리적으로는 엄연히 다르다. 구체적으로, 열은 입자의 무질서한 요동에 의한 에너지이고, 온도는 그러한 무질서한 요동을 조절하는 변수다. 온도의 의미에 대해서는 6장에서 자세히 다룰 것이다.

다시 말해, 아무리 엔진을 잘 만들어도 그 이상의 효율로 일을 하는 것은 불가능한 것이다. 참고로, 이렇게 최고의 효율로 작동하는 엔진을 '카르노 엔진Carnot engine'이라고 부른다.

1865년, 독일의 물리학자 루돌프 클라우지우스Rudolf Clausius는 카르노 엔진을 연구하다가, 에너지 말고도 보존되는 양, S가 있다는 사실을 깨닫는다.

$$S = \frac{Q_1}{T_1} = \frac{Q_2}{T_2}$$

엔트로피를 발견한 순간이었다. 카르노가 얻은 $Q_2/Q_1 = T_2/T_1$을 다시 정리한 이 공식은 열역학의 발전에 중대한 전환점이었다. 이 공식을 다시 쓰면 다음과 같다.

$$\Delta S = \frac{Q_1}{T_1} - \frac{Q_2}{T_2} = 0$$

카르노 엔진에서 엔트로피의 변화는 0이라는 말이다. 엔트로피의 변화가 0이라는 것은 카르노 엔진이 가역적reversible으로 작동한다는 것을 의미한다. 즉, 카르노 엔진은 시간의 방향을 뒤집어도 작동한다. 그런데 재미있게도, 시간의 방향을 뒤집으면, 즉 엔진의 순환 과정이 거꾸로 진행된다면, 카르노 엔진은 냉장고가 된다. (보다 자세히 설명하자면, 카르노 엔진은 온도의 차이만 가지고 작동하지 않는다. 카르노 엔진이 작동하려면, 초기에 피스톤을 외부의 힘으로 돌려야 한다. 그런데 이 피스톤을 거꾸로 계속 돌리면, 열은 열 배출구에서 열원으로 거꾸로 흐른다. 그리고 이는 다름 아닌 냉장고다.)

하지만 이상적인 카르노 엔진이 아닌 실제 엔진에서는 마찰 및 열전도 등으로 인해 열손실heat loss이 반드시 발생한다. 그리고 이러한 열손실은 엔트로피를 증가시키며, 결국 엔트로피는 시간에 따라 항상 증가하게 된다. 이는 매우 중요한 발견이다. 시간의 방향성이 생겼기 때문이다.

그런데 잠깐, 엔트로피를 직관적으로 이해할 수 있는 방법은 없을까? 이어지는 장에서 자세하게 설명하겠지만, 엔트로피는 결국 무질서도degree of disorder다. 따라서,

열역학 제2법칙이 말해주는 바는
무질서도가 항상 증가한다는 것이다.

방은 저절로 깨끗해지지 않고, 우리는 젊어지지 않으며, 모든 것은 닳아 없어진다.

참, 열역학 제2법칙에도 조건이 있다. 에너지 보존 법칙과 마찬가지로, 열역학 제2법칙도 외부 환경과 완전히 단절된 고립계에서 만족된다. 바꾸어 말하면, 이는 엔트로피가 국소적으로는 감소할 수 있다는 것을 의미한다. 그러나 청소하고 나서 방이 깨끗해지더라도, 청소로 인해 야기된 무질서도를 포함한 전체 엔트로피는 증가한다. 모든 것이 사그라들고 그만큼 새로운 것들이 또 만들어지기도 하지만, 언제나 전체 엔트로피는 증가한다.

하지만 다행이다. 무질서도는 항상 증가하지만, 그럼에도 새로운 존재가 나타날 수 있기 때문이다. 엔트로피와 새로운 존재의 나타남에 대해서는 7장에서 자세하게 이야기하기로 하자.

광속 불변의 원리

등속으로 움직이는 모든 관찰자에 대해,
빛의 속도는 항상 일정하다.

빛은 무엇인가? 양자역학에 따르면, 빛은 입자이면서 파동이다. 그렇다면 파동은 무엇인가? 파동을 이해하기 위해 조금 쉬운 파동, 즉 소리와 물결을 떠올려 보자. 소리와 물결은 각각 공기와 물이라는 매질의 출렁거림이다. 그렇다면 빛은 어떤 매질의 출렁거림일까?

이 질문은 사실 잘못된 질문이다. 파동이 아무 매질 없이 출렁거릴 가능성은 배제했기 때문이다. 결론적으로 말하면, 빛은 전자기장electromagnetic field이라는 어떤 패턴의 출렁거림이다. 전자기장은 아무 매질 없이도 그 자체로 출렁거릴 수 있다.

이 사실을 이해하기 위해 빛을 소리나 물결과 비교해 보자. 소리는 공기압air pressure의 출렁거림이다. 그리고 공기압이 출렁거리려면, 공기라는 물질이 있어야 한다. 물결은 물 표면의 출렁거림이다. 그리고 물 표면이 출렁거리려면 물이라는 물질이 있어야 한다. 반면, 전자기장은 물질이 필요 없는 패턴이다. 따라서 빛도 출렁거리는 패턴이다.

물리학자들이 이 사실을 깨닫기까지는 상당히 오랜 시간이 걸렸다. 19세기 후반까지도, 물리학자들은 빛을 매개하는 에테르aether라는 매질이 있다고 굳게 믿었다. 에테르에 대한 믿음이 이토록 오랫동안 지속되었다는 점은 지금으로서는 매우 이상하게 들리는데, 이미 동시대에 빛을 기술하는 방정식이 정립되어 있었기 때문이다. 바로 맥스웰 방정식Maxwell's equations이다.

맥스웰 방정식에 따르면, 전자기력은 3차원 공간에 퍼진 전자기장이라는 패턴에 의해 결정된다. 구체적으로, 입자가 어떤 위치에서 받는 전기력은 그 위치에 주어진 전기장electric field이라는 패턴에 의해 결정되고, 자기력magnetic force은 자기장magnetic field이라는 패턴에 의해 결정된다. (자기장의 익숙한 예로, 자석 주변에서 쇳조각들이 만들어 내는 패턴이 있다.) '전자기장'이란 전기장과 자기장을 통칭하는 용어다. 간단히 말하면, 빛이란 전기장과 자기장이 서로 얽히고설키며 출렁거리는 파동이다.

전자기장의 동역학, 즉 맥스웰 방정식에는 20세기 물리학의 혁명을 초래할 씨앗이 담겨 있었다. 바로 빛의 속도가 상수로 고정된다는 점이었다. 그냥 그런가 보다 싶을 수도 있겠지만, 곰곰이 생각해 보면 이는 매우 이상한 일이다. 정말 그렇다면 빛은 관찰자의 속도와 무관하게 언제나 일정한 속도, 즉 광속으로 움직인다는 뜻이기 때문이다.

다음과 같은 극단적인 상황을 하나 가정해 보자. 즉, 어린 왕자가 보기에 여우는 빛과 나란히 광속으로 움직인다고 말이다. 직관적으로 생각하기에, 여우에게 빛은 가만히 있는 것으로 보일 듯하다. 하지만 광속이 모든 관찰자에게 일정하다면, 여우에게도 빛은 광속으로 움직이는 것으로 보인다. 그런데 어린 왕자가 보기에는 분명 여우는 빛과 나란히 운동한다. 정말 이상하지 않은가?

19세기에는 물리학에 커다란 축이 2개 있었다. 뉴턴의 운동 법칙으로 표현되는 고전역학, 그리고 맥스웰 방정식으로 표현되는 전자기학이 바로 그것이다. 그런데 빛의 속도가 관찰자의 속도와 상관없이 언제나 일정하다는 것은 이 둘 가운데 하나가 거짓이라는 뜻이었다.

아인슈타인은 뉴턴의 운동 법칙이 틀리다고 추측했다. 그는 빛의 속도가 모든 관찰자(엄밀하게 말해, 관성 좌표계inertial coordinate system에 있는 모든 관찰자)에게 일정하다고 믿었다. 그리고 이 믿음의 결과가 바로 상대성이론, 구체적으로 특수 상대성이론special theory of relativity이다.

이 책에서는 상대성이론에 깊이 들어가지는 않을 것이다. 다만, 여기서 우리는 중요한 교훈을 배울 수 있다. 에너지 보존 법칙에 대한 믿음이 약력의 발견으로 이어졌듯이, 광속 불변의 원리에 대한 믿음은 상대성이론이라는 물리 이론의 발견으로 이어졌다는 점이다.

그런데 아직 끝이 아니다. 재미있게도, 맥스웰 방정식은 물리학의 혁명을 초래할 또 다른 씨앗을 담고 있었다. 이는 맥스웰 방정식이 정립될 당시 아직 태어나지도 않은 양자역학을 예견하는 매우 중요한 씨앗이었다. 이 씨앗의 의미를 이해하려면, 맥스웰 방정식을 조금 더 깊이 이해해야 한다.

· ·⦁· 맥스웰 방정식 ·⦁· ·

맥스웰 방정식은 4개의 방정식으로 이루어져 있다. 이 4개의 방정식은 전자기장이라는 패턴의 동역학을 기술하는 미분 방정식이다. 전자기장의 의미를 보다 직관적으로 이해하기 위해, 우리에게 익숙한 비유를 하나 들어보자. 바로 바람이다.

일기예보에는 바람의 패턴이 자주 등장한다. 즉, 바람의 방향은 화살표의 방향으로 그리고 바람의 세기는 화살표의 길이로 표시되어, 지도 위에 바람의 패턴이 표현된다. 일기예보에서는 2차원 지도를 통해 바람의 패턴만 보여주지만, 실제 바람의 패턴은 3차원 공간에서 형성될 것이다. 그리고 전자기장은 바로 이 3차원 패턴으로 비유될 수 있다.

자, 이제 바람의 동역학을 생각해 보자. 바람은 어떻게 부는가? 바람이 부는 방법은 크게 두 가지로 나뉜다. 먼저, 바람은 기압이 높은 지점에서 낮은 지점으로 분다. 국소적으로 기압이 높은 지점, 즉 고기압 점이 있다면 바람은 그 점에서 사방으로 불어 나갈 것이다. 반면 국소적으로 기압이 낮은 지점, 즉 저기압 점이 있다면 바람은 사방에서 그 점으로 흘러 들어갈 것이다. 다시 말해, 바람의 화살표는 고기압 점에서는 샘에서 물이 솟아나듯 흘러나오고, 저기압 점에서는 배수구로 물이 빠져나가듯 사라질 것이다.

바람이 부는 두 번째 방법은 소용돌이^{vortex}를 일으키는 것이다. 소용돌이의 예로, 토네이도나 태풍이 있다. 소용돌이는 단순히 기압 차이만으로 발생하지 않는다. 소용돌이의 경우 바람이 꼬리에 꼬리를 물고 회전하는데, 따라서 소용돌이가 회전하는 궤도에서는 어느 한 지점이 다른 지점보다 기압이 높지 않다. 다시 말해, 원형 궤도의 모든 지점에서 기압이 같다. 그렇다면 소용돌이는 왜 생길까?

소용돌이의 중심부는 지표면에서 볼 때 저기압이다. 따라서 지표면 주변의 공기는 소용돌이의 중심부로 빨려 들어온다. 그런데 이렇게 빨려 들어오는 공기는 일직선으로 중심부로 들어오지 못하고 휘면서 들어온다. 지구 자전으로 인한 코리올리 효과^{Coriolis effect} 때문이다. 코리올리 효과 때문에 휘면서 빨려 들어오는 공기는, 소용돌이의 중심부에 도달하면 위로 상승한다. 그리고 이렇게 상승한 따뜻한 공기는 대기 상층부의 차가운 공기와 만나 비구름을 형성한다. (이는 태풍의 경우에 해당하고, 토네이도의 경우에는 태풍과 반대로 대기 상층부에 생긴 강한 비구름에서 소용돌이가 시작된다.) 다시 말해, 소용돌이는 기압 차이에 코리올리 효과와 같은 회전 효과가 더해져 발생하는 것이다. 결론적으로, 바람은 기압 차이에 의해 솟아나거나 사라지며, 회전 효과에 의해 소용돌이친다.

마찬가지로, 전자기장도 화살표의 패턴으로 이해할 수 있다. 그리고 맥스웰 방정식은 다름 아닌 화살표 패턴의 동역학을 기술하는 미분 방정식이다. 맥스웰 방정식에 따르면, 전자기장을 일으키는 원인에는 다음과 같은 네 가지 경우가 있다.

* 전기장은 전기 전하에서 솟아나거나 사라진다.
* 자기장은 솟아나거나 사라지지 않는다.
* 자기장은 전류를 중심으로 소용돌이친다.
* 전기장이 변하면 자기장이 소용돌이치고, 자기장이 변하면 전기장이 소용돌이친다.

앞서 말했듯이, 맥스웰 방정식은 미분 방정식이다. 따라서 맥스웰 방정식을 더 구체적으로 이해하려면, 전자기장이라는 화살표 패턴을 미분하는 법을 알아야 한다. 크기와 방향을 가지는 화살표를 수학에서 '벡터vector'라고 부르는데, 바로 이 벡터의 미분을 알아야 하는 것이다.

(막간의 수학 강의) **벡터의 미분이란?**

벡터는 크기와 방향을 가지는 화살표다. 이러한 벡터가 3차원 공간에서 어떤 패턴을 가지고 분포되어 있다고 해보자. 우리의 목표는 벡터의 패턴이 위치에 따라 어떻게 변하는지를 알아내는 것이다.

먼저, 3차원 공간의 벡터를 나타내려면 숫자가 3개 필요하다.

$$\boldsymbol{V} = \left(V_x, V_y, V_z \right)$$

여기서 V_x, V_y, V_z는 각각 $\boldsymbol{V}$라는 벡터의 x, y, z축 성분이다. 다시 말해, 화살표 $\boldsymbol{V}$는 x축 방향으로 V_x라는 크기를 가지는 화살표, y축 방향으로 V_y라는 크기를 가지는 화살표, z축 방향으로 V_z라는 크기를 가진 화살표를 합친 화살표다.

V_x, V_y, V_z는 각자 모두 x, y, z의 함수다. 즉, V는 벡터 함수다.

비슷하게, 벡터를 미분하는 작업, 즉 벡터 미분 연산자에는 3개의 독립적인 미분이 필요하다.

$$\nabla = \left(\frac{\partial}{\partial x}, \frac{\partial}{\partial y}, \frac{\partial}{\partial z} \right)$$

여기서 벡터 미분 연산자의 세 성분은 각각 x, y, z에 대한 편미분이다. 참고로, 이러한 벡터 미분 연산자를 '델del'이라고 부른다.

벡터를 미분하는 것은 벡터 함수와 벡터 미분 연산자를 곱하는 것이다. 그런데 벡터 함수와 벡터 미분 연산자를 곱하는 데는 서로 다른 두 가지 방법이 있다.

$$\nabla \cdot V = \frac{\partial V_x}{\partial x} + \frac{\partial V_y}{\partial y} + \frac{\partial V_z}{\partial z}$$

$$\nabla \times V = \left(\frac{\partial V_z}{\partial y} - \frac{\partial V_y}{\partial z}, \frac{\partial V_x}{\partial z} - \frac{\partial V_z}{\partial x}, \frac{\partial V_y}{\partial x} - \frac{\partial V_x}{\partial y} \right)$$

첫 번째 미분은 V의 '발산' 혹은 '다이버전스divergence'라고 불린다. 다이버전스의 의미는 그것의 크기가 양이면 벡터가 공간의 한 점에서 솟아나는 정도이고, 음이면 벡터가 한 점에서 사라지는 정도다. 두 번째 미분은 V의 '회전' 혹은 '컬curl'이라고 불린다. 컬의 의미는 벡터가 공간의 한 점에서 소용돌이치는 정도다. 솟아나는 정도는 어느 숫자 하나로 표시할 수 있기에 다이버전스는 단지 숫자일 뿐이지만, 소용돌이에는 회전축이 필요하기에 컬은 벡터다. 이때 컬의 크기는 소용돌이의 세기이고, 컬의 방향은 소용돌이의 회전축이다.

이제 벡터의 미분을 이용해 정식으로 맥스웰 방정식을 써보자.

$$\nabla \cdot \boldsymbol{E} = 4\pi\rho$$

$$\nabla \cdot \boldsymbol{B} = 0$$

$$\nabla \times \boldsymbol{E} = -\frac{1}{c}\frac{\partial \boldsymbol{B}}{\partial t}$$

$$\nabla \times \boldsymbol{B} = \frac{1}{c}\left(4\pi\boldsymbol{J} + \frac{\partial \boldsymbol{E}}{\partial t}\right)$$

여기서 $\boldsymbol{E}$와 $\boldsymbol{B}$는 각각 전기장과 자기장을 나타낸다. 여기서 주목할 점은 빛의 속도 c가 맥스웰 방정식에 처음부터 박혀 있었다는 것이다. 맥스웰 방정식의 물리적 의미는 발산과 회전의 의미를 잘 이해하

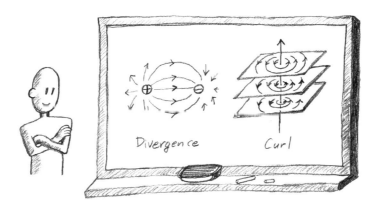

발산과 회전의 의미

면 파악할 수 있다. 그림 8을 보라.

첫 번째 방정식은 전기 전하가 전기장을 솟아나게 하거나 사라지게 한다는 것을 의미한다. ρ는 전기 전하의 밀도다. 전기 전하가 양극이면 전기장이 솟아나고, 음극이면 전기장은 사라진다.

두 번째 방정식은 자기장이 솟아나거나 사라지지 않는다는 것을 의미한다. 다시 말해, 자기장을 솟아나게 하거나 사라지게 하는 자기 홀극magnetic monopole은 없다는 것이다. 자기 홀극은 왜 존재하지 않을까? 막대자석을 한번 생각해 보자. 막대자석에는 북극과 남극이 있다. 자기장은 북극에서 나와서 남극으로 들어간다. 막대자석을 반으로 나누면 어떤 일이 일어날까? 북극과 남극이 분리될까? 그렇지 않다. 분리되지 않는다. 막대자석을 반으로 나누면, 북극 부분의 반대편에는 새로운 남극이 형성되고, 남극 부분의 반대편에는 새로운 북극이 생긴다. 자기 홀극은 존재하지 않는 것이다. (원칙적으로는 존재할 수 있지만, 아직 실험적으로 관측된 적이 없다.)

세 번째 방정식은 패러데이의 전자기 유도 법칙Faraday's law of induction 이다. 이 법칙에 따르면, 자기장이 시간에 따라 변하면 전기장이 소용돌이친다. 그리고 이렇게 유도된 전기장은 전류를 발생시킨다. 발전소에서 전기를 만들 수 있는 이유도 바로 이 법칙 때문이다.

마지막으로 네 번째 방정식은 앙페르의 법칙Ampere's law과 맥스웰이 도입한 새로운 법칙의 결합이다. 먼저, 앙페르의 법칙은 전류 *J*가 흐르면 그 주변에서 자기장이 소용돌이친다는 것을 의미한다.

맥스웰이 새롭게 도입한 법칙은 네 번째 방정식의 우변에서 전기장이 시간에 따라서 변하는 부분이다. 이 새로운 법칙은 전기장과 자기장 사이에 어떤 대칭성이 있다는 맥스웰의 믿음에서 나온 것이다. 즉, 패러데이의 전자기 유도 법칙에서 자기장이 시간에 따라 변하면 전기장이 소용돌이치듯이, 맥스웰은 전기장이 시간에 따라 변하면 자기장이 소용돌이칠 것이라고 믿었다.

이렇게 전기장과 자기장이 대칭적으로 서로 영향을 주고받는다는 것은, 원칙적으로 전기장과 자기장을 따로따로 분리할 수 없다는 것을 뜻한다. 전기장과 자기장은 항상 같이 있는 것이다. 결론적으로, 전기장과 자기장은 개별적으로 존재하는 것이 아니라 어떤 통합된 실체의 단면들이다. 더 좋은 이름이 없으므로, 이 실체에는 '전자기장'이라는 이름이 붙었다. 그리고 전자기장의 서로 다른 단면인 전기장과 자기장은 서로 얽히고설키면서 파동을 발생시킨다. 이 전자기장의 파동, 즉 전자기파가 바로 빛이다.

정리해 보자. 맥스웰 방정식은 전자기장이 존재하기 위한 매질을 가정하지 않는다. 전자기장은 매질 없이 존재할 수 있고, 파동처럼 출렁거릴 수 있다. 전자기장의 파동은 빛이다. 빛의 속도는 맥스웰 방정식에 들어가 있다. 즉, 관찰자와 무관한 상수로 박혀 있다. 그리고 이것이 다름 아닌 광속 불변의 원리다.

자, 맥스웰 방정식에는 양자역학을 예견하는 중요한 씨앗이 숨겨져 있다고 앞서 말했다. 이제 그 씨앗의 정체를 알아보자.

· ·· 두 가지 잠재력 ··· ·

사실, 수학적으로 맥스웰 방정식에는 쓸데없는 군더더기가 붙어 있다. 기본적으로, 우리는 맥스웰 방정식을 이용해 전기장과 자기장이라는 2개의 함수를 계산하고자 한다. 그런데 맥스웰 방정식은 총 4개의 미분 방정식으로 이루어져 있다.

참고로, 일반적으로 방정식은 어떤 변수의 값을 계산하는 수식이다. 예를 들어, 다음과 같은 2개의 연립 방정식을 생각해 보자.

$$Ax + By = E$$

$$Cx + Dy = F$$

여기서 우리가 찾고자 하는 변수는 x와 y이고, A, B, C, D, E, F는 값이 고정된 상수다. 방정식의 개수가 2개이고 변수의 개수가 2개이므로, 앞의 방정식을 풀면 변수의 값을 결정할 수 있다.

맥스웰 방정식과 같은 미분 방정식은 단순히 변수의 값을 계산하는 수식이 아니라, 함수 자체를 결정하는 수식이다. 그런데 맥스웰의 방정식에서는 방정식의 수가 계산하고자 하는 함수의 수보다 많다.

엄밀히 말해, 맥스웰 방정식을 이루는 4개의 방정식 중에서 2개는 각각 하나의 함수를 기술하고, 나머지 2개는 3차원 벡터로 이루어진 함수를 기술한다. 따라서 진정한 의미에서 독립적인 방정식의 수는 2+3+3, 즉 8개다. 반면, 전기장과 자기장은 각각 3개의 성분을 가지고 있다. 따라서 전기장과 자기장을 계산한다는 것은 총 6개의 성분을 기술하는 6개의 함수를 계산한다는 것이다. 결론적으로, 독립적인 방정식의 개수는 8개이고 계산하려는 함수는 6개다.

이런, 아직도 방정식의 수가 너무 많다. 군더더기를 제거할 수는 없을까? 다시 말해, 맥스웰 방정식을 잘 정리해 방정식의 수와 함수의 수를 같아지게 할 수는 없을까?

한 가지 방법이 있다. 전기장과 자기장을 두 가지 잠재력, 즉 퍼텐셜potential로 표현하는 것이다. 여기서 퍼텐셜은 앞서 설명한 퍼텐셜에너지와 밀접한 관계가 있다. 구체적으로, 전기장과 자기장은 다음과 같이 스칼라 퍼텐셜scalar potential과 벡터 퍼텐셜vector potential로 표현된다.

$$E = -\nabla\phi - \frac{1}{c}\frac{\partial A}{\partial t}$$

$$B = \nabla \times A$$

여기서 ϕ와 A가 각각 스칼라 퍼텐셜과 벡터 퍼텐셜이다. 이렇게 표현되는 이유는 차차 설명하기로 하고, 표현의 의미부터 파악해 보자. 먼저, 전기장은 스칼라 퍼텐셜이 위치에 따라 변하는 정도와, 벡터 퍼텐셜이 시간에 따라 변하는 정도를 합한 값이다. 참고로, 주어진 공간에서 정의된 어떤 함수가 위치에 따라 변하는 정도를 수학적인 용어로 '기울기' 또는 '그레이디언트gradient'라고 부른다.

막간의 수학 강의) 그레이디언트란?

그레이디언트란 주어진 공간에서 정의된 어떤 함수가 위치에 따라 얼마나 빠르게 변하는지를 나타내는 양이다. 어떤 함수가 1차원 공간에서 정의된 함수라면, 그레이디언트는 보통 말하는 미분, 즉 함수의 기울기다. 어떤 함수 ϕ가 3차원에서 정의된 함수라면, 그것의 그레이디언트는 다음과 같다.

$$\nabla\phi = \left(\frac{\partial \phi}{\partial x}, \frac{\partial \phi}{\partial y}, \frac{\partial \phi}{\partial z}\right)$$

그레이디언트는 벡터이므로 방향과 크기를 가진다. 먼저, 그레이디언트의 방향은 ϕ가 3차원에서 가장 급격하게 증가하는 방향이다. 그레이디언트의 크기는 그 방향으로 ϕ가 변하는 정도, 즉 기울기다.

그레이디언트의 물리적인 의미는 바람의 예를 통해 이해할 수 있다. 바람은 고기압에서 저기압으로 분다. 바람의 방향은 기압이 가장 급격하게 감소하는 방향이고, 바람의 세기는 기압의 변화 비율에 비례한다. 즉, 바람은 기압의 마이너스 그레이디언트다. 비슷하게, 전기장은 스칼라 퍼텐셜의 마이너스 그레이디언트다.

이제, 자기장은 벡터 퍼텐셜의 소용돌이다. 앗, 조금 헷갈린다. 전류는 자기장을 그 주변에서 소용돌이치게 한다. 그런데 자기장은 또 벡터 퍼텐셜을 그 주변에서 소용돌이치게 한다. 그렇다면 결국 전류는 벡터 퍼텐셜을 두 번 소용돌이치게 하는 것일까?

그렇다. 상상하는 것이 쉽지 않겠지만 사실이다. 이때 재미있는 일이 발생한다. 여기서 자세하게 유도할 수는 없지만, 두 번의 소용돌이는 파동이 된다. 다시 말해, 벡터 퍼텐셜은 두 번 소용돌이치며 파동처럼 멀리 퍼져나간다. 구체적으로, 벡터 퍼텐셜은 다음과 같은 빛을 기술하는 파동 방정식을 만족한다. (이 파동 방정식은 이어지는 절에서 설명할 게이지 변환의 성질을 이용해 간단한 형태로 표현되었다.)

$$\left(\frac{1}{c^2}\frac{\partial^2}{\partial t^2} - \frac{\partial^2}{\partial x^2} - \frac{\partial^2}{\partial y^2} - \frac{\partial^2}{\partial z^2}\right)A = \frac{4\pi}{c}J$$

비슷하게, 맥스웰 방정식을 잘 정리하면 스칼라 퍼텐셜도 다음과 같은 파동 방정식을 만족한다는 것을 보일 수 있다.

$$\left(\frac{1}{c^2}\frac{\partial^2}{\partial t^2} - \frac{\partial^2}{\partial x^2} - \frac{\partial^2}{\partial y^2} - \frac{\partial^2}{\partial z^2}\right)\phi = 4\pi\rho$$

따라서 4개의 맥스웰 방정식은 스칼라 퍼텐셜과 벡터 퍼텐셜이 만족하는 2개의 파동 방정식으로 귀결된다. 좋다. 우리는 드디어 4개의 방정식에서 군더더기를 제거해 2개의 방정식을 뽑아냈다. 우리가 계산하고자 하는 함수는 스칼라 퍼텐셜과 벡터 퍼텐셜이므로, 그것들의 수는 2개다. 방정식의 수와 함수의 수가 이제 딱 맞았다.

자, 이제 맥스웰 방정식을 풀기 위한 전략은 다음과 같다. 먼저, 전기장과 자기장을 잠깐 잊고, 스칼라 퍼텐셜과 벡터 퍼텐셜이 만족하는 파동 방정식을 푼다. 그렇게 풀어서 얻은 스칼라 퍼텐셜과 벡터 퍼텐셜로부터 전기장과 자기장을 계산한다. 끝.

이제 전기장과 자기장이 왜 스칼라 퍼텐셜과 벡터 퍼텐셜로 표현되는지 알아보자. 먼저, 자기장이 벡터 퍼텐셜의 소용돌이로 표현되는 이유는 소용돌이가 결코 솟아나거나 사라지지 않기 때문이다. 다시 말해, 컬의 다이버전스는 언제나 0이다.

$$\nabla \cdot B = \nabla \cdot \nabla \times A = 0$$

이 방정식은 다름 아니라 맥스웰 방정식의 두 번째 방정식이다. 다시 말해, 두 번째 맥스웰 방정식은 자기장을 벡터 퍼텐셜로 표현하면 자동으로 풀린다. 비슷하게, 전기장을 스칼라 퍼텐셜과 벡터 퍼텐셜로 표현하는 수식의 양변에 컬을 적용해 보자.

$$\nabla \times E = -\nabla \times \nabla \phi - \frac{1}{c}\frac{\partial}{\partial t}\nabla \times A = -\frac{1}{c}\frac{\partial B}{\partial t}$$

일단, 우변의 스칼라 퍼텐셜 부분은 완전히 사라지고 0이 된다. 그레이디언트의 컬은 언제나 0이기 때문이다. 비유적으로 말하자면, 기울기는 회전하지 않는다. 그다음, 자기장은 벡터 퍼센셜의 소용돌이라는 앞선 정의(자기장은 벡터 퍼텐셜의 소용돌이다)에 의해, 이 벡터 퍼텐셜 부분은 자기장의 시간 미분이 된다.

그런데 자세히 살펴보면, 이 방정식은 맥스웰 방정식의 세 번째 방정식, 즉 패러데이의 전자기 유도 법칙이다. 다시 말해, 세 번째 맥스웰 방정식은 전기장을 스칼라 퍼텐셜과 벡터 퍼텐셜로 표현하면 자동으로 풀린다.

지금까지 설명한 내용은 물리학이나 전자공학을 전공하는 학생들이 학부에서 1년, 대학원에서 1년 동안 배우는 내용이다. 그러니까 독자들은 2년 치 전자기학 과목을 뗀 셈이다. 물론 조금 과장이다. 하지만 전자기학의 핵심 아이디어를 모두 설명한 것은 사실이다.

이제 모든 것이 완벽하게 정리된 듯하지만, 한 가지 찜찜한 점이 남아 있다. 바로 스칼라 퍼텐셜과 벡터 퍼텐셜에 이상한 자유도^{degree}

of freedom가 숨어 있다는 점이다. 다시 말해, 스칼라 퍼텐셜과 벡터 퍼텐셜은 맥스웰 방정식에 의해 완전히 결정되지 않는다. 그런데 이 기묘한 자유도야말로 양자역학을 예견하는 씨앗이다.

·• 기묘한 자유도 •· ·

전기장과 자기장을 스칼라 퍼텐셜과 벡터 퍼텐셜로 표현하는 공식을 다시 써보자.

$$E = -\nabla \phi - \frac{1}{c}\frac{\partial A}{\partial t}$$

$$B = \nabla \times A$$

자세히 살펴보면, 이 공식에는 이상한 자유도가 하나 숨어 있다. 전기장과 자기장은 운동 방정식을 통해 입자의 동역학을 완벽하게 결정한다. 다시 말해, 전기장과 자기장이 주어지면 입자의 운명은 기계론적으로 완벽하게 결정된다. 그런데 이 공식에 따르면, 전기장과 자기장이 전혀 변하지 않으면서 스칼라 퍼텐셜과 벡터 퍼텐셜을 어떤 범위 안에서 임의로 자유롭게 바꿀 수 있는 이상한 자유도가 있다.

구체적으로, 자유도의 내용은 다음과 같다. 자기장은 벡터 퍼텐셜의 소용돌이, 즉 회전이다. 이전 절에서 기울기는 회전하지 않는다고 했다. 따라서 벡터 퍼텐셜에 임의의 기울기를 더해도 그것의 회전, 즉 자기장은 변하지 않는다.

$$A \quad \rightarrow \quad A + \nabla f$$

여기서 f는 임의로 자유롭게 바꿀 수 있는 함수다. 물론 이렇게만 바꾸면 전기장에 변화가 생긴다. 그런데 재미있게도, 이러한 전기장의 변화는 쉽게 무효화될 수 있다. 즉, 벡터 퍼텐셜과 동시에 스칼라 퍼텐셜을 다음과 같이 바꾸면 전기장은 전혀 변하지 않는다.

$$\phi \quad \rightarrow \quad \phi - \frac{1}{c}\frac{\partial f}{\partial t}$$

전문적으로 이렇게 스칼라 퍼텐셜과 벡터 퍼텐셜을 동시에 바꾸는 것을 '게이지 변환gauge transformation'이라고 한다.

정리해 보자. 입자의 동역학은 전기장과 자기장에 의해 완벽하게 결정된다. 그리고 전기장과 자기장은 스칼라와 벡터 퍼텐셜에 의해서 결정된다. 그런데 스칼라 퍼텐셜과 벡터 퍼텐셜에는 게이지 변환에 대한 이상한 자유도가 있다.

이 이상한 자유도는 도대체 왜 생기는 것일까? 맥스웰 방정식에 미처 제거하지 못한 군더더기라도 붙어 있는 것일까? 만약 그렇다면, 이 군더더기의 의미는 무엇일까?

· ·⋅ 양자역학을 기다리며 ·⋅ ·

앞서 말했듯이, 맥스웰 방정식에는 게이지 변환에 대해 전기장과 자기장이 변하지 않는다는 이상한 자유도가 숨어 있다. 전문적으로 이러한 자유도를 '게이지 대칭성'이라고 부른다. 고전적인 전자기학에서 게이지 대칭성은 맥스웰 방정식의 그다지 의미 없는, 특이한 성질 가운데 하나로 여겨졌다. 하지만 그렇지 않았다.

들어가며에서, 우리 우주에는 근본적인 힘이 네 가지 있다고 말했다. 중력, 전자기력, 약력, 강력이 그것이다. 중력은 아직 완전히 증명되지는 않았지만, 이 네 가지 힘은 모두 하나의 원리에 의해 기술된다고 믿어진다. 그것은 바로 게이지 대칭성의 원리 또는 게이지 불변의 원리principle of gauge invariance다. (앗, 또 다른 불변의 법칙이다!)

일반적으로, 대칭성이란 어떤 변환에 대해 불변이라는 것을 의미한다. 예를 들어, 2장에서 언급한 공간의 병진 대칭성은 공간에서 앞뒤, 좌우, 상하로 평행하게 움직이는 변화, 즉 병진translation 변환에 대해 측정 가능한 물리량이 변하지 않는 것이다. 마찬가지로, 공간의 회전 대칭성rotational symmetry은 공간의 한 점을 기준으로 방향을 바꾸는 변화, 즉 회전rotation 변환에 대해 물리량이 변하지 않는 것이다. 그리고 병진과 회전 변환에서는 무엇이 변환되는지가 명확하다. 그런데 게이지 변환에서는 도대체 무엇이 변환되는 것일까?

게이지 변환은 파동 함수의 위상을 바꾸는 변환이다.

따라서 게이지 대칭성은 파동 함수의 위상을 바꾸더라도 물리적인 상황이 변하지 않는다는 것을 의미한다. 그리고 여기서 물리적인 상황이 변하지 않는다는 것은 확률이 변하지 않는 것을 뜻한다.

잠깐! 맥스웰 방정식에는 파동 함수가 나오지 않는다. 물론 확률도 나오지 않는다.

이것이 맥스웰 방정식이 양자역학을 기다린 이유다. 우리는 파동 함수가 나타난 다음에야 게이지 대칭성의 진정한 의미를 깨닫게 된다. 그리고 그 의미를 깨달은 다음에야 힘의 원리를 깨닫게 된다.

게이지 대칭성은 힘의 원리다.

4장

힘
: 상호작용에 관하여

Force: On the Interaction

포스가 당신과 함께하기를^{May the Force be with you}.

영화 〈스타워즈^{Star Wars}〉 시리즈에 나오는 유명한 대사다. 그런데 포스가 무엇일까? 포스는 보통의 힘이 아니다. 포스는 우주를 지탱하는 힘이며, 우주에 존재하는 모든 생명체가 발산하는 에너지다. 포스가 왠지 동양철학의 '기'와 유사하게 느껴진다면, 그럴 만한 이유가 있다. 그것은 〈스타워즈〉의 제작자이자 감독인 조지 루카스^{George Lucas}가 각본의 초고를 완성한 장소가 1970년대 샌프란시스코였기 때문이다. 당시 샌프란시스코에는 히피와 뉴에이지 문화가 널리 퍼져 있었다.

많은 독자들이 알고 있겠지만, 포스에는 '밝은 면'과 '어두운 면'이 있다. 요다를 비롯한 제다이들은 포스의 밝은 면을 이용해 이타적인 선을 실현하고, 다스 베이더를 비롯한 시스들은 포스의 어두운 면에 빠져서 이기적인 악을 퍼트린다. 다른 많은 이야기들처럼, 〈스타워즈〉도 결국 선과 악의 대결이다.

그럼에도 포스에는 나름대로 심오한 점이 있는데, 밝은 면인 선과

그림 9 요다와 다스 베이더

어두운 면인 악이 서로 다른 힘이 아니라 동일한 힘의 서로 다른 면이라는 점이다. 디스 베이더도 원래 선한 인물이었던 아나킨 스카이워커가 포스의 어두운 면에 이끌려 탄생한 것이다. (아내의 죽음을 자신이 막지 못한다는 것을 예지하고, 죽음을 돌이킬 수 있는 능력을 갈구하다가 결국 포스의 어두운 면에 빠진다.)

선과 악이 같은 힘의 서로 다른 면이라 그럴까? 선이 악을 무찔러도, 악은 이내 다시 나타나 선과 악의 대결이 반복된다. 물론 영화 제작사의 입장에서는 〈스타워즈〉 시리즈를 유지하기 위해서라도 선과 악의 대결을 계속해서 고안해 낼 것이다. 그러나 인류의 역사에서 선과 악의 대결이 조금씩 변주되며 끊임없이 반복되었다는 점을 생각해 보면, 선과 악은 어느 한쪽의 일방적인 승리가 아니라 그 둘의 균형으로 귀결되는 것이 운명인지도 모른다.

그렇다면 선한 힘과 악한 힘은 언제나 균형을 이룰까? 힘은 본래 약육강식의 세계를 뒷받침하는 원리이고, 비정한 세상에 맞서 균형을 맞추는 것은 힘이 아니라 윤리가 아니던가? 아니, 그 전에 윤리라는 것은 또 어떻게 생겨난 것일까? 우리는 왜 윤리적으로, 즉 선하게 살아야 할까?

결론부터 말하면, 힘은 선하지도 않고 악하지도 않다. 힘은 그저 존재하기 위한 노력일 뿐이다. 이제 질문은 다음과 같다. 그저 존재하기 위해 노력하는 개체들이 자발적으로 선해질 수 있을까?

· ·· 게임 이론 ·· ·

게임 이론game theory 분야에서 가장 유명한 문제를 보자. 바로 죄수의 딜레마prisoner's dilemma다. 죄수의 딜레마는 가상의 범죄자 A와 B가 있다고 가정한다. 두 범죄자는 이미 경범죄로 체포된 상태다. 그런데 경찰은 두 범죄자가 죄질이 나쁜 또 다른 범죄를 함께 저질렀을 것이라고 의심한다. 이 심각한 범죄에 대한 증거는 부족하고, 그래서 반드시 자백을 받아야만 그들을 기소할 수 있다.

경찰은 A와 B를 서로 다른 취조실에서 심문하기로 한다. 두 범죄자는 서로 분리되어 있으므로, 의견을 나누거나 진술을 맞출 수 없다. 경찰은 이제 범죄자들에게 범행을 자백하면 형량을 감경해 주겠다고 약속한다. 자, 여기서 딜레마가 발생한다.

A와 B 가운데 누구도 범행을 자백하지 않으면, 그들에게는 경범죄에 대한 1년의 징역형이 부과된다. 반면 A와 B 둘 다 자백하면, 그들에게는 경범죄에 대한 형벌과 중범죄에 대한 형벌을 더해 5년의 징역형이 부과된다. 무거운 범죄에 대한 형벌은 원래 9년의 징역형이지만, 자백을 참작해 형량이 감경된 것이다. 마지막으로 한 사람은 자백하고 다른 한 사람은 자백하지 않은 경우, 자백한 사람은 협조에 대한 보상으로 풀려나고, 자백하지 않은 사람은 9년의 징역형을 받는다. 자, 범죄자들은 어떤 선택을 내릴까?

먼저, A와 B 어느 누구도 자백하지 않는 것이 (범죄자들에게는) 이상적인 선택일 것이다. 이때 범죄자들이 받는 형량의 합은 2년이다. 이는 둘 다 자백하는 경우의 총 형량인 10년과 한 사람만 자백하는 경우의 총 형량인 9년보다 작다. 따라서 A와 B로 이루어진 집단의 전체적인 이익의 관점에서는 침묵이 답일 것이다.

그러나 개인적인 이익의 관점에서 보면 이야기가 달라진다. A의 입장에서 생각해 보자. A는 B가 범행을 자백할지 안 할지 알 수 없다. 따라서 A는 모든 가능한 경우의 수에 대해 이익을 일일이 따져봐야 한다. 먼저 B가 자백한다고 가정해 보자. 그러면 A도 자백하는 편이 낫다. A만 신의를 지킨다면 9년의 징역형을 받기 때문이다. 차라리 자신도 자백하고 5년의 징역형을 받는 편이 낫다. 반면 B가 자백하지 않는다고 가정해 보자. 이 경우에도 자백하는 편이 낫다. A는 자신만 자백하면 곧바로 풀려날 수 있지만, 둘 다 자백하면 5년의 징역형을 받기 때문이다. 결과적으로, A는 언제나 자백하는 편이 유리하다. 그런데 이 상황은 B의 경우에도 마찬가지다. 즉, B도 언제나 자백하는 편이 유리하다.

그런데 이렇게 되면 결국 둘 다 자백하는 꼴이 된다. 그래서 A와 B 각각 5년의 징역형을 받게 된다. 이것은 딜레마인데, 누구도 자백하지 않았다면 각각 1년의 징역형만 받았을 것이기 때문이다. 개인적인 이익을 좇은 것인데, 결과적으로 개인의 입장에서도 불리한 선택을 하게 되는 것이다.

참고로, 게임의 모든 참여자가 상대방이 전략을 바꾸지 않는다는 가정하에 이성적으로 취할 수 있는 최선의 선택을 '내시 균형^{Nash} ^{equilibrium}'이라고 부른다. 문제는 내시 균형이 반드시 최신의 결과를 가져오는 것은 아니라는 데 있다. 그렇다면 최선의 결과를 가져오려면 어떻게 해야 할까?

한 가지 방법은 범죄자들에게 의리를 지키는 것, 즉 협력의 미덕을 가르치는 것이다. 다시 말해, 자신은 조금 손해를 보더라도 다른 사람을 위해 희생하고 협력하는 법을 가르치는 것이다. 그리고 이것이 바로 윤리를 가르치는 것이다. 그런데 윤리라는 것은 또 어떻게 생겨났을까? 놀랍게도, 게임 이론은 협력이 이기적으로 행동하는 개체들 사이에서 자발적으로 생길 수 있다고 말해준다.

이 말이 무슨 소리인가 싶을 것이다. 바로 앞에서, 이기적으로 행동하는 범죄자들이 서로 협력하지 않을 뿐만 아니라 각자의 이익을 좇다가 자신의 이익마저 잃는 것을 보았기 때문이다. 분명 그렇다. 죄수의 딜레마 게임을 단 한 번만 한다면. 그런데 죄수의 딜레마 게임을 여러 번 하면 이야기는 완전히 달라진다. 이유는 간단하다. 이전 단계의 게임에서 어떤 결과가 있었는지 기억하고, 그 기억을 바탕으로 전략을 세울 수 있기 때문이다. 다시 말해, 죄수의 딜레마 게임을 여러 번 진행하는 경우에는, 상대방이 협력을 잘하는 착한 사람인지 배신에 익숙한 나쁜 사람인지를 파악하고, 그에 맞추어 전략을 세울 수 있다. 전문적으로 이를 '반복되는 죄수의 딜레마iterated prisoner's dilemma' 게임이라고 부른다.

반복되는 죄수의 딜레마 게임에서는, 게임 참여자의 수를 2명으로 제한할 필요가 없다. 우리에게 주어진 것은 무수히 많은 참여자와의 무한 번의 죄수의 딜레마 게임이다. 여러분이 참여자라면 어떤 전략을 취할 것인가?

1980년대 중반, 이 질문에 흥미를 느낀 미국의 정치학자 로버트 액설로드Robert Axelrod는 당시 최첨단 연구 수단으로 대두된 컴퓨터를 통한 모의 시뮬레이션 대회를 열었다. 액설로드는 세계 각국의 정치학자, 수학자, 경제학자, 심리학자 등의 여러 권위자들에게 자신의 대회를 알리고, 최고의 전략을 담은 컴퓨터 프로그램을 제출해 달라고 요청했다. 대회의 규칙은 간단했다. 좋은 전략의 순위는 다음과 같이 정해진다. 즉, 자기 자신을 포함한 모든 참여자가 반복해서 대결하고, 그 과정에서 얻는 이익의 총합으로 정해진다.

여기서 이익이란, 앞에서 설명한 형량의 마이너스 개념으로 일종의 보수라고 생각할 수 있다. 예를 들어, 참여자 A와 B가 모두 협력을 선택하면 각각 3점을 얻는다. 반면, A와 B가 모두 배신을 선택하면 각각 1점을 받는다. 마지막으로 한 사람은 협력을 선택하고 다른 한 사람은 배신을 선택하면, 협력한 사람은 0점을 받고 배신한 사람은 5점을 받는다. 분석을 통해 알고 있듯이, 개인의 입장에서 최선의 선택, 즉 내시 균형은 둘 다 배신을 선택하고 각각 1점을 받는 것이다.

다음은 반복되는 죄수의 딜레마 대회에 실제로 제출되었거나 가능한 전략의 일부다. (대회는 두 번 개최되었는데, 제출된 프로그램의 수는 첫 번째 대회의 경우 14개, 두 번째의 경우 63개였다.)

1. **모두 배신 전략** 상대방이 어떻게 나오든 모두 무조건 배신한다. 이 전략은 배신하는 것이 단발적인 죄수의 딜레마 게임에서 최선의 선택이므로, 계속 반복해도 좋은 전략일 것이라는 논리에 기반한다. 하지만 이 전략이 실제 대회에 제출되지는 않았다.

2. **모두 협력 전략** 상대방이 어떻게 나오든 모두 무조건 협력한다. 착해도 너무 착한 전략이다. 그리 성공적일 것 같지 않은 전략이다. 당연하게도, 이 전략도 대회에 제출되지 않았다.

3. **팃포탯**Tit-for-Tat **또는 눈에는 눈, 이에는 이 전략** 처음에는 항상 협력한다. 이후에는 상대방이 이전 단계에서 했던 행동을 똑같이 따

라 한다. 다시 말해, 상대방이 이전 단계에서 배신하면 다음 단계에서 배신함으로써 보복한다. 하지만 상대방이 다시 협력하면 다음 단계에서 협력함으로써 용서한다. 선제 배신을 하지 않기 때문에 팃포탯은 기본적으로 선한 전략이다. 하지만 배신에 대해서는 즉각적으로 보복하는 철두철미한 전략이기도 하다. 그리고 적극적으로 용서함으로써 협력을 도모한다. 의도가 아주 명료하게 드러나는 전략이다.

4. 그러저Grudger 또는 뒤끝 작렬 전략 그러저는 팃포탯처럼 처음에는 항상 협력한다. 그리고 상대방이 협력하는 한 계속 협력한다. 하지만 상대방이 한번 배신하면 그 후로는 게임이 끝날 때까지 상대방이 어떤 행동을 하든지 무조건 배신함으로써 보복한다. 그야말로 뒤끝 작렬이다.

5. 다우닝Downing 또는 통계적 판단 전략 처음에는 협력한다. 이후에는 이전 단계에서 상대방이 했던 행동을 통계적으로 분석해 협력 가능성을 확률로 계산한다. 이 확률에 따라서 협력 가능성이 50% 이상이면 협력하고, 그 미만이면 배신한다.

6. 테스터Tester 또는 기회주의자 전략 처음에는 배신한다. 그리고 이에 대해 상대방이 어떻게 행동하는지를 분석한다. 즉, 적당히 몇 번 배신해 보고 상대방이 보복하는 패턴을 관찰한다. 상대방이 만만하다고 판단되면 가혹하게 착취한다. 반면, 상대방이 강경하게 보복한

다고 판단되면 태도를 바꾸어 적극적으로 협력한다.

7. **트랭퀼라이저**^Tranquilizer **또는 장기적인 사기꾼 전략** 처음에는 착한 척하며 지속적으로 협력한다. 충분히 신뢰가 쌓였다고 생각되면 어느 단계부터는 확률이 25%가 넘지 않는 선에서 가끔씩 먼저 배신한다. 보복이 들어오면 다시 착한 척하며 얼마간 협력한다. 그러면서 다음번에 배신할 기회를 노린다.

8. **자비로운 팃포탯 전략** 기본적으로 팃포탯 전략이지만, 용서에 조금 더 관대하다. 즉, 상대방이 배신했을 때 곧바로 보복하지 않고 기회를 몇 번 더 준다. 한 가지 방법은 상대방이 처음 배신했을 때는 일단 협력함으로써 용서하지만 두 번 연달아 배신하면 보복하는 것이다. 또 다른 방법은 상대방의 배신에 대해 어떻게 내응할지를 확률로 결정하는 것이다. 예를 들어, 5%의 확률로 용서하고 95%의 확률로 보복한다.

9. **랜덤**^Random **전략** 그야말로 아무렇게나 행동하는 것이다. 복잡한 상황에서는 때때로 아무렇게나 행동하는 것이 더 나을 수 있다. 상대방이 내 전략을 전혀 파악할 수 없기 때문이다.

자, 이 가운데 어떤 전략이 가장 좋은 성과를 거두었을까? 놀랍게도, 액설로드의 시뮬레이션 대회에서 두 차례 모두 우승한 전략은 팃포탯이었다. 팃포탯은 이미 첫 번째 대회에서 우승했었기 때문에, 두 번째 대회의 참가자들도 팃포탯이 유력한 우승 후보임을 알고 있었다. 그래서 그들은 팃포탯을 넘어서기 위해 수정된 프로그램들을 여러 개 제출했다. 언뜻 팃포탯의 선함을 적절하게 이용하고 때때로 배신하면 이익을 더 증가시킬 수 있을 것으로 보였다. 하지만 결과적으로 팃포탯을 이기지는 못했다.

팃포탯의 전략에는 다음과 같은 네 가지 특징이 있다.

* **선량함** 절대로 먼저 배신하지 않는다.
* **단호함** 상대방이 배신하면, 단호하게 보복한다.
* **관대함** 상대방이 협력의 손을 내밀면, 관대하게 용서하고 곧바로 협력한다.
* **명료함** 상대방이 내 전략을 쉽게 이해할 수 있게 함으로써 상대방의 현명한 선택, 즉 협력을 유도한다.

재미있게도, 이 네 가지 특징은 고득점에 속한 다른 프로그램들에서도 공통적으로 발견되었다. 사실, 팃포탯이 우승한 이유는 이 네 가지 특징을 모두 가진 유일한 전략이 바로 팃포탯이기 때문이라고 볼 수 있다. 아, 갑자기 인생의 교훈을 배운 느낌이다. 착하게 살자. 하지만 나쁜 사람에게는 단호하게 대처하자. 그리고 혹시라도 나쁜 사람이 다시 착해지면 관대하게 용서하자.

중요한 사실은 이러한 인생의 교훈이 모든 참여자가 단지 높은 점수를 받으려고 하다 보니까 저절로 얻어졌다는 점이다. 다시 말해, 그저 잘 살기 위해 노력하는 개체들이 자발적으로 선해졌다는 점이다.

한 걸음 더 나아가 보자. 반복되는 죄수의 딜레마 대회가 실제로 자연이나 사회에서 벌어지는 일이라고 생각해 보자. 구체적으로, 한 차례의 대회에서 최종적으로 얻게 되는 점수가 단순히 숫자기 이니라 실제적인 보수라고 생각해 보자. 자연에서 이 보수는 음식이나 안식처와 같이 생명을 유지하기 위한 중요한 자원일 것이다. 사회에서는 상품이나 돈과 같은 재화일 것이다. 그리고 재화가 많으면 상대적으로 번식에 유리하다.

이제 반복되는 죄수의 딜레마 대회가 여러 번 열린다고 해보자. 이때 다음 대회 참여자는 이전 대회 참여자의 후손이다. 따라서 어떤 참여자가 이전 대회에서 높은 점수를 받아 번식을 많이 했다면, 그 참여자의 전략은 다음 대회에서 그만큼 비중이 높아진다. 이렇게 대회를 계속 반복하다 보면, 고득점을 얻는 전략은 점점 더 많이 살아남게 될 것이다. 참고로, 이렇게 게임 전략의 진화를 시간의 흐름에 따라 분석하는 이론을 '진화 게임 이론evolutionary game theory'이라고 한다.

앞선 논의를 바탕으로 추론해 보면, 팃포탯은 시간이 갈수록 점점 더 비중이 커질 것이다. 거의 모든 참여자들이 악한 전략을 취하는 생태계나 사회에서도, 소수의 선한 그룹이 팃포탯 전략을 지속적으로 구사한다면 결과적으로 그들은 전체를 지배하는 주류가 될 수 있다. 실제로 계산해 보면, 팃포탯은 전체 구성원의 단 5%에게만 선택되어도 시간이 흐르면 전체 집단을 지배하는 주류 전략이 된다. 결국

에는 선한 사람이 이긴다는 것이 수학적으로 증명된 것이다!

아름답다. 하지만 현실은 이렇게 아름답지만은 않다. 세상에는 착한 사람도 있고 나쁜 사람도 있다. 왜 그럴까? 물론 단순화된 게임 이론을 현실에 곧바로 적용할 수는 없다. 현실을 정밀하게 모사하려면 고려할 것들이 많을 것이다. 이 모든 것을 다 고려할 수는 없겠지만, 우리가 가장 중요한 것 하나를 빠뜨렸다는 점은 분명하다. 즉, 현실에는 무질서, 즉 노이즈^{noise}가 존재한다는 점이다.

예를 들어, 참여자들이 게임을 진행하는 동안 노이즈가 개입된다고 해보자. 구체적으로, 어떤 참여자가 협력하고자 했는데 노이즈가 발생해서 다른 참여자를 배신한 것으로 그의 의도가 상대에게 잘못 전달되었다고 해보자. 이런 경우에는 팃포탯의 단호한 보복은 지나치게 가혹한 것이 된다. 노이즈가 발생하는 상황에서는, 자비로운 팃포탯이 팃포탯보다 더 좋은 전략이며 시간이 흘러 주류 전략을 차지하게 된다.

그런데 이쯤에서 문제가 발생한다. 먼저, 자비로운 팃포탯이 주류 전략을 차지한 집단은 거의 모든 참여자들이 선하므로, 배신을 전혀 하지 않는 모두 협력 전략도 충분히 잘 살아남을 수 있다. 따라서 결국 집단의 모든 구성원이 선해진다. 이렇게 되면 문제는, 우연히 돌연변이로 발생할 수 있는 모두 배신 전략을 절대로 막을 수 없게 된다는 점이다. 이제 집단은 분열되고 악한 전략들이 창궐하게 된다.

그나마 다행인 점은 악한 전략들이 지배하는 세상에서도 선한 전략들이 돌연변이로 발생할 수 있다는 것이다. 특히, 선한 전략들 가운데 팃포탯은 시작이 아주 미약하더라도 그 끝에는 모든 악을 이기고 집단을 지배하는 주류 전략을 차지할 수 있다. 다시 선한 세상이 돌아오는 것이다.

앗, 이것은 〈스타워즈〉의 줄거리 아닌가?

· ·· 뉴턴의 운동 법칙 · ··

자, 이제 보다 깊이 들여다보자. 모든 힘은 근본적으로 물리적 힘에 기반한다. 그렇다면 〈스타워즈〉의 포스만이 아니라, 물리적 힘도 균형을 이룰까?

사실, 물리학은 힘이라는 개념을 엄밀하게 정립함으로써 본격적으로 시작되었다. 다시 말해, 현대물리학은 뉴턴의 운동 법칙Newton's law of motion과 함께 본격적으로 시작되었다. 뉴턴의 운동 법칙은 3개의 법칙으로 이루어진다.

* 제1법칙: 관성inertia의 법칙　물체에 힘을 가하지 않는 한, 모든 물체는 정지해 있거나 등속 직선 운동을 한다.
* 제2법칙: 가속도acceleration의 법칙　물체의 가속도는 그 물체에 가해진 직선 방향의 힘에 비례한다.
* 제3법칙: 작용 – 반작용action-reaction의 법칙　모든 작용에는 반드시 크기가 같고 방향이 반대인 반작용이 존재한다.

먼저, 뉴턴의 제1법칙은 흔히 '관성의 법칙'이라고 불린다. 간단히 말해, 제1법칙은 정지해 있는 물체는 계속 정지해 있고, 움직이는 물체는 계속 움직인다고 말한다. 너무나 당연한 말처럼 느껴지겠지만, 사실 그렇게 단순하지만은 않다. 제1법칙은 뉴턴의 운동 법칙이 성립하는 조건을 제시하기 때문이다. 구체적으로, 제1법칙은 관성 좌표계라는 개념을 정립한다. 엄밀하게 말하면, 뉴턴의 운동 법칙은 관성 좌표계에서만 성립한다.

그럼 관성 좌표계가 무엇일까? 거칠게 말하자면, 관성 좌표계란 등속 운동을 하는 관찰자가 바라보는 관점이다. 따라서 우리가 일정한 속도로 움직이는 관찰자라면, 뉴턴의 제1법칙은 항상 만족되어야 한다.

그런데 가만히 생각해 보면 조금 이상하다. 우리의 좌표계가 관성 좌표계인지 아닌지를 판단하려면, 뉴턴의 운동 법칙이 맞는지 아닌지를 판단해야 한다. 거의 동어반복이다. 그렇다면 어떤 상황에서 뉴턴의 운동 법칙이 성립하지 않는다면, 뉴턴의 운동 법칙을 의심해야 하는가, 관성 좌표계를 의심해야 하는가?

예를 들어보자. 우리 앞에서 정지해 있었던 물체가 저절로 움직인다고 해보자. 이 경우, 뉴턴의 운동 법칙은 성립하지 않는다. 하지만 괜찮다. 뉴턴의 운동 법칙이 틀렸다고 생각하는 대신, 우리가 등속으로 운동하는 관성 좌표계가 아니라 감속 운동을 하는 비관성 좌표계에 있었다고 생각하면 된다. 이번에는 한 방향으로 움직이던 물체의 운동 방향이 갑자기 바뀌었다고 해보자. 이 경우에도 뉴턴의 운동 법칙은 성립하지 않는다. 역시 괜찮다. 우리가 운동 방향을 바꾸고 있었다고 생각하면 되기 때문이다.

움직이던 물체가 속도를 서서히 줄이는 경우라면 조금 까다롭다. 관성 좌표계가 아닐 가능성도 있지만, 마찰력이 물체의 운동을 방해하는 것일 수도 있다. 사실, 이 두 가지 가능성은 뉴턴 이전과 이후를 가르는 아주 중요한 분수령이다. 뉴턴 이전에 힘은 물체의 운동을 지속하기 위해 필요한 것으로 이해되었지만, 뉴턴 이후에 물체의 운동을 변화시키는 것으로 이해되었기 때문이다.

그렇다면 힘은 물체의 운동을 어떤 방식으로 변화시킬까? 그 답은 뉴턴의 제2법칙이 말해준다. 뉴턴의 제2법칙은 아마도 물리학사상 가장 유명한 공식일 것이다.

$$F = ma$$

다시 말해, 가속도 a는 힘 F에 비례하며, 그것들 사이의 비례 상수는 질량 m이다. 뉴턴의 제2법칙은 물리학 문제를 풀 때 가장 많이 쓰이지만, 철학적으로는 가장 단순한 의미를 지닌다. 그런데 잘 들여다보면, 제1법칙과 관련해 재미있는 결론이 나온다.

앞서 설명했듯이, 관성 좌표계가 아닌 상황에서는 뉴턴의 운동 법칙이 성립하지 않는다. 예를 들어, 양동이에 물을 반쯤 채운 다음 양동이 손잡이에 줄을 매달고 줄을 회전축으로 빙빙 돌린다고 해보자. 양동이를 아주 천천히 회전시킨다면, 물의 표면은 평평한 상태를 유지할 것이다. 하지만 양동이를 충분히 빨리 회전시킨다면, 물의 표면은 회전축을 중심으로 오목하게 파일 것이다. 왜 그럴까? 양동이에 담긴 물은 위치에 상관없이 골고루 중력으로 밑으로 당겨져야 하지 않을까? 이런 상황에서는 뉴턴의 운동 법칙이 들어맞지 않는 것처럼 보인다. 그러나 괜찮다. 양동이에 담겨 회전하는 물의 관점에서, 중력이라는 힘뿐만 아니라 회전의 중심으로부터 물을 멀어지게 만드는 새로운 힘, 즉 원심력을 도입하면 되기 때문이다. 어찌 보면, 원심력은 물 표면이 오목하게 파인다는 사실에 뉴턴의 운동 법칙을 꿰어 맞추기 위해 도입한 가공의 힘이다. 그렇다고 원심력이 아무렇게나 도입된 힘은 아니다. 물의 관점에서 원심력은 실제로 존재한다.

　하지만 양동이에 담겨 회전하는 물의 입장이 아니라, 외부에서 정지 상태로 관찰하는 관찰자의 입장, 즉 관성 좌표계에서는 원심력을 도입하지 않고도 물의 표면이 오목하게 파이는 현상을 잘 기술할 수 있다. 물은 양동이의 회전과 물 분자 사이의 점성으로 인해 회전하게 되며, 이로부터 운동량을 얻는다. 운동량을 얻은 물은 운동량의 방향, 즉 회전 운동의 접선 방향으로 나아가려고 한다. 그리고 이로 인해 회전축을 벗어나는 방향으로 점점 밀려나는 것이다. 결국, 관성 좌표계에서 물의 표면은 새로운 힘 없이도 단지 운동 법칙에 따라 오목하게 파이는 것으로 관찰된다.

　정리하면, 회전하는 물의 입장에서는 원심력을 도입하면 되고, 외부 관찰자의 입장에서는 새로운 힘을 도입하지 않아도 된다. 참고로, 원심력과 같이 관성 좌표계가 아닌 상황을 뉴턴의 운동 법칙에 꿰어 맞추기 위해 도입하는 가공의 힘을 '관성력inertial force'이라고 한다.

자, 이쯤에서 재미있는 이야기를 하나 들어보자. 우리가 엘리베이터에 타고 있다고 상상해 보자. 엘리베이터가 정지해 있다가 갑자기 상승하면 우리는 바닥으로 당겨지는 힘을 느끼게 되는데, 이 힘은 엘리베이터의 가속 운동에 의해 발생하는 관성력이다. 그리고 우리는 이 관성력과 중력을 구분할 수 없다. 중력이 갑자기 강해졌다고 해도 그 차이를 알 수 없는 것이다. 그런데 가속도에 의한 관성력과 만유인력을 일으키는 중력의 차이를 알 수 없을 뿐만 아니라, 이 둘은 실제로도 아무런 차이가 없다. 이는 물리학의 매우 심오한 발견으로 이어졌는데, 바로 아인슈타인의 일반 상대성이론general theory of relativity이다. (이 책에서 일반 상대성이론을 자세히 설명하지는 않겠지만, 궁금증을 느끼는 독자들을 위해 다음 절에서 일반 상대성이론의 핵심을 설명할 것이다.)

뉴턴의 제3법칙은 깊은 철학적 의미를 지니고 있다. 뉴턴의 제3법칙은 흔히 '작용-반작용의 법칙'이라고 불리는데, 어떤 물체가 다른 물체에 힘을 작용하면 두 번째 물체가 정확히 같은 크기의 힘을 첫 번째 물체에 반대로 작용한다는 것이다. 다시 말해, 힘은 어느 한쪽이 다른 한쪽에 일방적으로 영향을 미치지 않고, 항상 두 물체 사이의 상호작용으로 나타난다는 것이다. 그래서 현대물리학에서도 힘이라는 용어 대신 '상호작용interaction'이라는 용어가 훨씬 더 자주 사용된다.

앗, 잠깐. 그렇다면 지구가 우리를 잡아당기는 만큼 우리도 지구를 잡아당기기라도 한다는 말인가? 그렇다. 정확히 같은 힘으로 잡아당긴다. 다만, 지구는 상대적으로 질량이 매우 크기 때문에, 지구의 가

속도는 거의 0이다. 즉, 지구는 거의 아무 영향도 받지 않는다. 반면 우리는 질량이 상대적으로 매우 작기 때문에, 지구가 당기는 힘에 크게 반응한다. 그럼에도 서로 잡아당기는 힘은 정확히 같다.

정리해 보자. 힘은 상호작용이다. 영화, 컴퓨터 시뮬레이션, 생태계에서 나타나는 힘들과 같지는 않지만, 물리학에서도 힘은 상호작용의 다른 이름이다. 좋다. 음, 그런데 질문이 하나 떠오른다. 힘의 본질은 무엇일까? 조금 다르게 질문해 보자.

물질이 원자로 이루어져 있다면,
힘은 무엇으로 이루어져 있을까?

· ·•· 네 가지 근본적인 힘 ·•· ·

우주에는 네 가지 근본적인 힘이 있다. 바로 중력, 전자기력, 약력, 강력이다.

첫 번째 힘은 중력이다. 잘 알고 있듯이, 중력은 지구가 태양 주변을 돌게 하고, 태양을 은하계의 일부로 묶어주며, 더 나아가 은하계들로 이루어진 우주의 거대 구조를 만들어 준다. 다시 말해, 중력은 우리 우주를 하나로 뭉치는 응집력이다.

반면, 빅뱅으로 시작된 우리 우주는 현재 가속 팽창accelerated expansion 하고 있다. 시간이 지날수록 우리 우주가 점점 더 빠르게 커지고 있는 것이다. 앞으로 우리 우주는 어떻게 될까? 무한히 팽창할까, 아니면 어느 순간 팽창을 멈추고 중력에 의해 수축될까? 아니, 일종의 평형 상태에 도달할까? 물리학자들은 우리 우주의 미래가 일반 상대성이론에 의해 결정될 것이라고 굳게 믿고 있다. 일반 상대성이론을 자세하게 다룰 수는 없지만, 핵심만 간결하게 말하면 다음과 같다. 일반 상대성이론에 따르면, 중력은 시공간의 휘어짐이다. 중력의 세기는 시공간의 휘어진 정도, 즉 곡률^{curvature}이다. 그리고 모든 물체는 주변의 시공간을 휘게 만든다. 질량이 큰 물체일수록 시공간을 더 강하게 휘게 만든다. 물질 및 에너지 분포에 따라 시공간이 얼마나 휘어지는지를 결정하는 방정식이 있는데, 이것이 바로 그 유명한 아인슈타인 방정식$^{Einstein's equations}$이다. (원칙적으로, 질량이 없는 빛도 에너지를 지니고 있기에 빛으로 인해 시공간이 휘어질 수 있다. 이는 아직 실험으로 검증되지는 않았다.)

맥스웰 방정식이 전자기장의 동역학을 기술하는 것처럼, 아인슈타인 방정식은 시공간이 휘어지는 패턴, 즉 중력장$^{gravitational field}$의 동역학을 기술한다. 맥스웰 방정식에 따르면, 전기장과 자기장은 서로 얽히고설키며 전자기파, 즉 빛을 만들 수 있다. 그런데 아인슈타인 방정식에 따르면, 중력장도 중력파$^{gravitational wave}$라는 파동을 만들 수 있다. 중력파는 최근에 실험으로 관측되었는데, 중력파 관측에 크게 기여한 공로로 3명의 물리학자, 라이너 바이스$^{Rainer Weiss}$, 배리 배리시$^{Barry Barish}$, 킵 손$^{Kip Thorne}$은 2017년 노벨 물리학상을 수상했다.

두 번째 힘은 전자기력이다. 전자기력은 물질이 형성되는 데 가장 지배적인 역할을 한다. 2장에서 설명했듯이, 전자기력은 원자의 구조를 결정하며, 더 나아가 원자들을 조합함으로써 다채로운 물질 상태를 형성할 수 있다. 한편 전자기력은 전자기장에 의해 결정되며, 전자기장의 동역학은 맥스웰 방정식에 의해 기술된다. 맥스웰 방정식에 따르면, 빛은 전자기장의 파동이다.

그런데 양자역학에 따르면, 모든 것은 파동이면서 입자다. 따라서 빛은 입자의 성질도 지니는데, 이 빛의 입자가 바로 광자다. 광자를 양자역학적으로 제대로 기술하려면, 고전역학적인 맥스웰 방정식을 양자화quantization해야 한다. 여기서 양자화한다는 것은 맥스웰 방정식을 양자역학적인 원리에 따라 적절하게 수정하는 것을 뜻한다. 이는 마치 고전역학적인 뉴턴의 제2법칙을 슈뢰딩거 방정식으로 수정하는 것과 비슷하다. 맥스웰 방정식을 양자화한 이론을 '양자 전기역학quantum electrodynamics, QED'이라고 부른다.

양자 전기역학에서는 전자기력을 다음과 같이 이해한다. 전기 전하를 지닌 입자가 2개 있다고 해보자. 어느 순간 첫 번째 입자에게서 마술처럼 광자 하나가 진공vacuum에서 나타난다. 첫 번째 입자는 이 광자를 두 번째 입자에게 던진다. 두 번째 입자는 날아오는 광자를 받는다. 그런데 그 순간 광자는 마술처럼 다시 진공으로 사라진다. 이제 두 번째 입자에게서 광자 하나가 진공에서 나타난다. 두 번째 입자는 이 광자를 첫 번째 입자에게 던진다. 두 입자는 이렇게 광자를 서로 주고받는 공 던지기 놀이를 한다.

다시 말해, 양자 전기역학에 따르면 전자기력이란 전기 전하를 지

그림 10 · 공 던지기 놀이와 파인먼 다이어그램

닌 두 입자가 광자를 주고받는 공 던지기 놀이다. 전자기력은 광자에 의해 매개되는 것이다. 재미있는 사실은 전자기력을 매개하는 광자가 공 던지기를 하는 그 순간에만 존재한다는 점이다. 이렇게 순간적으로 존재했다가 사라지는 광자를 '가상 광자virtual photon'라고 한다.

그림 10은 어느 물리학자가 두 사람의 공 던지기 놀이를 보고, 전기 전하를 지닌 두 입자가 서로 광자를 주고받는 상황을 상상하는 만화다. 양자 전기역학에 따르면, 광자를 서로 주고받는 이러한 상황은 파인먼 다이어그램Feynman diagram이라는 도표로 이해할 수 있다. 만화 속 생각 풍선에 담긴 그림이 바로 파인먼 다이어그램이다.

앞의 설명을 듣고 다음과 같은 질문을 떠올린 독자가 있을지도 모르겠다. 전자기력이 광자 던지기 놀이라면 입자들은 언제나 서로 밀어내야 하는 것 아닌가? 다시 말해, 첫 번째 입자는 광자를 던지는 순간 그 반작용으로 광자의 운동 방향과 반대 방향으로 밀리게 된다. 반면, 날아오는 광자를 받은 두 번째 입자는 광자를 받는 순간 광자의 운동량을 전달받아 광자의 운동 방향으로 밀린다. 결국 두 입자는 광자 던지기 놀이를 하면 할수록 서로 멀어지게 된다. 서로 밀어내는 힘이 발생한 것이다. (얼음판 위에서 공 던지기 놀이를 하면 일상에서도 비슷한 상황을 경험할 수 있다.)

그렇다면 반대 극성의 전기 전하를 가진 두 입자가 서로 끌어당기는 힘은 어떻게 설명해야 할까? 사실, 고전역학적인 비유로 이를 설명하는 것은 쉽지 않다. 빠짐없는 설명은 완전한 양자 전기역학으로만 가능할 것이다. 다만, 조금 억지스럽더라도 최대한 그럴싸한 비유를 들어보자.

반대 극성의 전기 전하를 지닌 두 입자가 있다고 해보자. 둘은 서로 등지며 반대 방향을 바라보고 있다. 어느 순간, 첫 번째 입자에게서 광자 부메랑 하나가 진공에서 나타난다. 첫 번째 입자는 이렇게 나다난 광자 부메랑을 자신이 바라보는 앞쪽, 즉 두 번째 입자의 반대 방향으로 던진다. 첫 번째 입자는 광자 부메랑을 던진 운동의 반작용으로 자신의 뒤쪽, 즉 두 번째 입자의 방향으로 밀린다.

광자 부메랑은 앞으로 날아가다가 이내 휘어져 두 번째 입자 방향으로 날아간다. 광자 부메랑은 심지어 두 번째 입자를 지나쳐서도 계속 날아간다. 그렇게 날아가다가 광자 부메랑은 어느 순간 다시 방향을 바꾸어 두 번째 입자의 정면으로 날아온다. 광자 부메랑을 잡은 두 번째 입자는 광자 부메랑의 운동량을 전달받아 자신의 뒤쪽, 즉 첫 번째 입자의 방향으로 밀린다. 결국 두 입자는 광자 부메랑 던지기 놀이를 하면 할수록 서로 가까워진다. 서로 끌어당기는 힘이 발생한 것이다. 재미있지 않은가?

세 번째 힘은 약력이다. 3장에서 설명했듯이, 약력은 베타 붕괴라는 원자핵의 방사성 붕괴 현상에 관여하는 힘이다. 구체적으로, 베타 붕괴에서는 원자핵 속의 중성자가 양성자로 바뀌면서 전자를 방출하거나, 양성자가 중성자로 바뀌면서 양전자를 방출할 수 있는데, 이때 관여하는 힘이 바로 약력이다.

그런데 사실, 약력은 전자기력과 같은 힘이다. 즉, 전자기력과 약력은 기본적으로 전자기약력electroweak force이라는 동일한 힘의 서로 다른 단면들이다. '동일한 힘의 서로 다른 면'이라는 말은 무슨 의미일까?

앞에서 배운 것을 떠올려 보자. 전기력과 자기력을 주는 전기장과 자기장은 서로 독립적으로 존재하는 것이 아니라, 전자기장이라는 통합된 실체의 서로 다른 단면들이라고 했다. 다시 말해, 전자기장은 맥스웰 방정식이라는 하나의 통합된 방정식에 의해 기술된다. 이런 의미에서 전기력과 자기력은 전자기력이라는 같은 힘의 서로 다른 모습에 불과하다.

그러나 전자기력과 약력이 '동일한 힘의 서로 다른 단면들'이라는 의미는 이보다는 약간 더 복잡하다. 높은 온도에서 전자기력과 약력은 전기력과 자기력이 그렇듯이 하나의 통합된 방정식에 의해 기술되는 똑같은 힘이다. 그런데 높은 온도에서 하나였던 전자기약력은 온도가 내려가면 자발적 대칭성 깨짐을 겪는다. 그러고 나면 전자기 약력은 서로 다른 방정식에 의해 기술되는 2개의 서로 다른 힘, 즉 전자기력과 약력으로 갈라진다.

그러나 전자기력과 약력이 갈라지고 나서도, 이 두 힘의 작동 원리는 근본적으로 상당히 유사하다. 구체적으로, 전자기력이 광자라는 매개체를 서로 주고받는 공 던지기 놀이인 것처럼, 약력은 $W^+, W^-,$ Z^0 보손^{boson}이라는 세 종류의 매개체를 서로 주고받는 공 던지기 놀이다.

네 번째 힘은 강력이다. 강력은 원자핵을 안정적으로 만들어 주는 힘이다. 당연한 말 같지만, 원자가 형성되려면 먼저 원자핵이 안정적이어야 한다. 문제는 일반적인 원자핵의 내부에는 중성의 전기 전하를 지니는 중성자뿐만 아니라 양성의 전기 전하를 지니는 양성자가 여러 개 동시에 존재할 수 있다는 점이다.

원자핵은 아주 작다. 이렇게 매우 작은 공간에 여러 개의 양성자를 욱여넣으면 엄청나게 큰 전기적 반발력이 생길 것이다. 전자기력만 있다면 원자핵은 그야말로 순식간에 폭발하고 말 것이다. 그래서 전자기력을 상쇄하고도 남을 만큼, 양성자들과 중성자들을 서로 끌어당겨서 하나의 원자핵으로 뭉치는 강한 힘이 필요한데, 이 힘이 바로 강력이다. (사실 엄밀히 말해서, 원자핵을 하나로 뭉치는 힘은 강력의 자투리 힘$^{residual\ force}$인 핵력$^{nuclear\ force}$이다.)

먼저, 크게 보면 핵력의 작동 원리는 전자기력과 약력의 작동 원리와 상당히 유사하다. 핵력은 양성자와 중성자가 파이 중간자$^{\pi\ meson}$라는 입자를 서로 주고받으면서 발생한다. 그런데 더 자세히 들여다보면 양성자와 중성자는 그 자체로 한 점과 같은 근본적인 입자가 아니라, 그 안에 구조를 가지고 있는 복합체다. 구체적으로, 양성자는 2개의 위 쿼크^{up quark}와 1개의 아래 쿼크^{down quark}로 이루어지고, 중성자는 반대로 1개의 위 쿼크와 2개의 아래 쿼크로 이루어진다. 잠고로, 쿼크는 총 여섯 가지가 있다. 앞서 언급한 위 쿼크와 아래 쿼크 말고도 맵시^{charm}, 기묘^{strange}, 꼭대기^{top}, 바닥^{bottom} 쿼크가 있다.

이와 비슷하게, 파이 중간자도 쿼크의 복합체다. 구체적으로, 파이 중간자는 위 쿼크와 아래 쿼크가 입자-반입자 쌍을 이루어 만들어지는 복합체다. 참고로, 우주의 모든 입자에는 마치 쌍둥이와 같은 반입자^{antiparticle}가 존재한다. 입자와 반입자는 전하가 반대라는 점을 제외하고는 모든 물리적인 성질이 동일하다.

근본적인 수준에서 보았을 때, 상력은 쿼크들이 글루온^{gluon}이라는 입자를 주고받으면서 발생하는 힘이다. 참고로 글루온은 원자핵을 붙여주는 접착제^{glue}라는 뜻에서 그런 이름 붙여졌다. 따라서 양성자와 중성자가 파이 중간자라는 매개체를 서로 주고받으면서 발생하는 핵력은, 양성자와 중성자와 파이 중간자 안의 쿼크들이 글루온을 서로 복잡하게 주고받는 상호작용인 것이다. 즉, 핵력은 강력의 자투리 힘이다.

참고로, 강력을 기술하는 양자 이론을 '양자 색역학^{quantum chromo-dynamics, QCD}'이라고 부른다. 양자 색역학에 '색^{chromo}'이라는 단어가 들어가는 이유는 쿼크와 글루온 사이에서 발생하는 상호작용의 세기를 결정하는 결합 상수coupling constant가 세 가지 있기 때문이다. 서로 다른 결합 상수를 구분하려고 비유적으로 빨강, 파랑, 초록이라는 개념을 가져온 것이다.

여기까지 읽으며, 전자기력, 약력, 강력의 작동 원리가 상당히 유사하다는 느낌을 받았을 것이다. 즉,

$$\text{전자기력은 광자를, 약력은 } W^+, W^-, Z^0 \text{보손을,}$$
$$\text{강력은 글루온을 주고받으면서 발생한다.}$$

작동 원리가 이렇게 유사한 데는 이유가 있다. 그 이유는 이 세 가지 힘을 기술하는 이론들이 모두 하나의 원리에 기반하고 있기 때문이다. 바로 게이지 대칭성의 원리다.

· ·• 게이지 대칭성 •· ·

전자기력, 약력, 강력을 기술하는 이론은 모두 게이지 대칭성이라는 하나의 원리에 기반한다. 약력과 강력의 게이지 대칭성은 조금 더 복잡하지만, 근본적인 수준에서는 전자기력의 게이지 대칭성과 동일하다. 따라서 전자기력의 게이지 대칭성에 집중해 보자.

먼저, 전자기력의 게이지 대칭성에 대해 3장에서 설명한 내용을 떠올려 보자. 구체적으로, 전자기력에서 게이지 대칭성이란 스칼라

퍼텐셜과 벡터 퍼텐셜을 다음과 같이 임의로 자유롭게 바꾸어도 전자기장이 변하지 않는다는 성질이었다.

$$\phi \quad \rightarrow \quad \phi - \frac{1}{c}\frac{\partial f}{\partial t}$$

$$A \quad \rightarrow \quad A + \nabla f$$

여기서 ϕ와 A는 각각 스칼라 퍼텐셜과 벡터 퍼텐셜이고, f는 임의로 자유롭게 바꿀 수 있는 함수다. 그리고 이와 같은 변환을 '게이지 변환'이라고 한다. 아직 왜 그런지 설명하지 않았지만, 게이지 대칭성은 스칼라 퍼텐셜과 벡터 퍼텐셜의 가장 근본적인 성질이다. 이제 왜 그런지 보자.

3장에서 말했듯이, 스칼라 퍼텐셜과 벡터 퍼텐셜은 빛을 기술하는 파동 방정식을 만족한다. 따라서 간단히 말하면, 스칼라 퍼텐셜과 벡터 퍼텐셜을 적절하게 양자화하면 광자의 동역학을 기술하는 양자 이론, 즉 양자 전기역학을 얻을 수 있다.

그런데 양자 전기역학은 광자의 동역학뿐만 아니라, 광자와 전자 사이의 상호작용도 기술해야 한다. 다시 말해, 양자 전기역학은 전자기력의 영향을 받는 전자의 동역학도 기술해야 한다. 그런데 전자의 동역학을 기술하는 방정식은 다름 아닌 슈뢰딩거 방정식이다. 거칠게 말해서, 슈뢰딩거 방정식은 양자 전기역학의 일부인 것이다.

그렇다면 슈뢰딩거 방정식은 게이지 대칭성을 함축하고 있을까?

이 질문에 대한 답을 얻기 위해, 전기장에서 운동하는 입자의 슈뢰딩거 방정식을 다시 한번 써보자.

$$E\psi = H\psi$$

여기서 해밀토니언 H는 다음과 같이 쓰인다.

$$H = \frac{1}{2m}\boldsymbol{p}^2 + q\phi$$

여기서 q는 입자의 전기 전하량이고, $\boldsymbol{p}$는 운동량 연산자로서 3차원에서 다음과 같이 쓰인다. (아래에서 3차원 미분 연산자 ∇는 '델'이라고 불린다.)

$$\boldsymbol{p} = -i\hbar\nabla = -i\hbar\left(\frac{\partial}{\partial x}, \frac{\partial}{\partial y}, \frac{\partial}{\partial z}\right)$$

위의 해밀토니언은 전기장만 고려한 해밀토니언이다. 전기장과 함께 자기장이 있으면 어떻게 될까? 자세하게 유도하지는 않겠지만, 전기장과 자기장이 있는 경우에 해밀토니언은 다음과 같이 쓰인다.

$$H = \frac{1}{2m}\left(\boldsymbol{p} - \frac{q}{c}\boldsymbol{A}\right)^2 + q\phi$$

자, 이제 다시 우리의 질문으로 돌아가 보자. 즉, 슈뢰딩거 방정식은 게이지 대칭성을 함축하고 있을까?

이제 묻지도 따지지도 말고 위의 해밀토니언에 들어있는 스칼라 퍼텐셜과 벡터 퍼텐셜에 게이지 변환을 적용해 보자. 게이지 변환을 적용한 해밀토니언은 다음과 같다.

$$H' = \frac{1}{2m}\left(\boldsymbol{p} - \frac{q}{c}(\boldsymbol{A} + \nabla f)\right)^2 + q\left(\phi - \frac{1}{c}\frac{\partial f}{\partial t}\right)$$

게이지 변환 이전의 해밀토니언 H와 이후의 해밀토니언 H'은 아주 다르게 생겼다. 무언가 이상하다. 앞서 말했듯이, 전자기장은 게이지 변환을 해도 전혀 바뀌지 않는다. 그런데 게이지 변환 이후에 해밀토니언은 매우 다른 모습으로 바뀌었다. 그렇다면 입자의 동역학도 바뀌는 것일까?

아니, 그럴 수는 없다. 입자의 동역학이 바뀌지 않으려면 어떻게 되어야 할까? 다행히도, 파동 함수의 위상을 적절하게 잘 바꾸면 게이지 변환의 효과를 완벽하게 무력화할 수 있다. 즉, 파동 함수의 위상을 다음과 같이 변환한다고 해보자.

$$\psi' = e^{i\theta}\psi$$

여기서 위상 변환 이전과 이후의 슈뢰딩거 방정식을 만족하는 파동 함수는 각각 ψ와 ψ'이다. 참고로, $e^{i\theta}$는 위상 인자phase factor다. 편의상, 이 공식을 '위상 변환 관계식'이라고 부르자.

비유적으로, 1장의 우화 〈영의 이중 슬릿 실험과 양자 시계〉의 세계관에서 보면, 이 변환은 양자 시계 속 파동 함수 초침의 방향을 임의로 회전시키는 것에 해당한다. 그리고 이렇게 파동 함수 초침의 방향을 임의로 회전시켜도, 측정 가능한 물리량은 바뀌지 않아야 한다. 실제로 측정 가능한 확률은 파동 함수 초침의 방향이 아니라 길이에 의해 결정되기 때문이다. 즉, 확률은 파동 함수의 크기의 제곱이다.

$$|\psi'|^2 \;=\; |\psi|^2$$

이제 우리가 할 일은 다음을 보이는 것이다. 즉, 위상 변환 관계식에 나오는 위상 θ를 적절히 선택하면, ψ'가 만족하는 슈뢰딩거 방정식이 실제로는 ψ가 만족하는 슈뢰딩거 방정식과 완벽하게 동일하다.

그런데 이 점을 보이려면 먼저 슈뢰딩거 방정식을 약간 수정해야 하는데, 엄밀하게는 수정이 아니라 일반화다. 즉, 파동 함수가 시간에 의존하는 일반적인 상황에서 슈뢰딩거 방정식은 다음과 같다.

$$i\hbar \frac{\partial}{\partial t}\psi = H\psi$$

이렇게 일반화되는 이유는, 운동량이 공간에 대한 미분 연산자가 되듯이, 에너지가 시간에 대한 미분 연산자가 되기 때문이다. 이 방정식을 위상 변환 이전의 슈뢰딩거 방정식이라고 할 때, 위상 변환 이후의 슈뢰딩거 방정식은 다음과 같다.

$$i\hbar \frac{\partial}{\partial t}\psi' = H'\psi'$$

이제 이 슈뢰딩거 방정식에 위상 변환 관계식으로 얻은 파동 함수를 다음과 같이 넣어보자.

$$i\hbar \frac{\partial}{\partial t}\left(e^{i\theta}\psi\right) = H'e^{i\theta}\psi$$

이 공식의 좌변을 미분의 곱의 법칙을 사용해 전개하면 다음과 같이 쓸 수 있다.

$$e^{i\theta}\left(-\hbar \frac{\partial \theta}{\partial t} + i\hbar \frac{\partial}{\partial t}\right)\psi = H'e^{i\theta}\psi$$

막간의 수학 강의) 미분의 곱의 법칙

미분의 곱의 법칙은 여러 함수의 곱에 미분을 취하는 방법을 말해준다. 예를 들어, 다음과 같은 미분을 한다고 하자.

$$\frac{d}{dx}(fg)$$

여기서 f와 g는 모두 x의 함수다. 이때 미분의 곱의 법칙은 다음과 같다.

$$\frac{d}{dx}(fg) = \frac{df}{dx}g + f\frac{dg}{dx}$$

간단히 말하자면, 두 함수의 곱의 미분은 함수 하나를 미분하고 다른 함수를 곱해 더하는 것이다. 같은 아이디어를 세 함수의 곱에 적용하면 다음과 같다.

$$\frac{d}{dx}(fgh) = \frac{df}{dx}gh + f\frac{dg}{dx}h + fg\frac{dh}{dx}$$

이제 앞의 식에서 좌변의 첫 번째 항을 우변으로 옮기고 정리하면, 다음과 같은 결론을 얻는다.

$$i\hbar\frac{\partial}{\partial t}\psi = \left(e^{-i\theta}H'e^{i\theta} + \hbar\frac{\partial\theta}{\partial t}\right)\psi$$

그다음 이 방정식의 우변을 잘 정리하면, 다음과 같은 결론을 얻을 수 있다.

$$i\hbar\frac{\partial}{\partial t}\psi = \left[\frac{1}{2m}\left(\boldsymbol{p} - \frac{q}{c}(\boldsymbol{A} + \nabla f) + \hbar\nabla\theta\right)^2 + q\left(\phi - \frac{1}{c}\frac{\partial f}{\partial t}\right) + \hbar\frac{\partial\theta}{\partial t}\right]\psi$$

이제 위상 θ를 다음과 같이 잘 선택하면, 게이지 변환의 효과를 완전히 제거할 수 있다는 사실을 알 수 있다.

$$\theta = \frac{q}{\hbar c} f$$

다시 말해, f와 θ의 효과가 정확히 상쇄된다.

$$-\frac{q}{c}\nabla f + \hbar\nabla\theta = -\frac{q}{c}\frac{\partial f}{\partial t} + \hbar\frac{\partial \theta}{\partial t} = 0$$

결과적으로, 최종적인 슈뢰딩거 방정식은 게이지 변환 이전의 슈뢰딩거 방정식과 완벽하게 동일하다.

$$i\hbar\frac{\partial}{\partial t}\psi = \left[\frac{1}{2m}\left(\boldsymbol{p} - \frac{q}{c}\boldsymbol{A}\right)^2 + q\phi\right]\psi$$

정리하면, 파동 함수에 위상 변환을 적용하면 해밀토니언에 발생하는 게이지 변환의 효과를 완벽히 무력화할 수 있다. 어떻게 보면 두 변환은 정확히 같은 역할을 한다. 그래서 물리학자들은 위상 변환을 아예 그냥 '게이지 변환'이라고 부른다. 이것이 처음부터 위상 변환을 '게이지 변환'이라고 부른 이유다.

생각해 보면 정말 묘하다. 전자기장을 기술하는 맥스웰 방정식은 양자역학의 씨앗을 담고 있었다. 그리고 양자역학을 기술하는 슈뢰딩거 방정식은 처음부터 게이지 대칭성을 가지고 있었다. 파동 함수는 근본적으로 복소수가 되어야 하는 운명이었던 것이다.

·· · 운명 · ··

독자들은 운명을 믿는가? 간단히 말해, 운명이란 모든 것이 미리 결정되어 있다는 것이다. 운명은 물리학적 세계관과 매우 잘 맞는 관점처럼 보인다. 물리학에 따르면, 초기 조건이 주어지면 모든 입자의 동역학은 물리법칙에 의해 완벽하게 결정된다. 그렇다면 원칙적으로 우주의 운명도 초기 조건에 의해 미리 결정되어 있는 것이다. 이것이 기계론적 세계관 또는 과학적 결정론scientific determinism이라는 관점이다.

19세기의 프랑스 수학자였던 피에르 시몽 라플라스Pierre Simon Laplace는 이 관점을 다음과 같이 절절하게 표현했다.

"우주의 현재 상태는 과거의 결과이고 미래의 원인이라고 볼 수 있다. 어떤 특정 순간에 자연을 움직이는 모든 힘과 자연을 구성하는 모든 입자의 위치를 알 수 있는 지적인 존재가 있다면, 그리고 그의 지적 능력이 충분히 강력해서 이에 대한 정보를 분석할 수 있다면, 그는 우주의 가장 거대한 천체와 가장 미세한 원자의 움직임을 단 하나의 공식에 담아낼 수 있을 것이다. 이 지적인 존재에게는 아무것도 불확실하지 않고 미래가 마치 과거처럼 눈앞에 펼쳐질 것이기 때문이다."

여기서 언급된 지적인 존재는 오늘날 '라플라스의 악마Laplace's demon'라는 별명으로 불린다. 라플라스의 악마는 실재할 수 있을까? 아마 그럴 수 없을 것이다. 그럴 수 없는 데는 크게 두 가지 이유가 있다.

첫째는 양자역학이다. 양자역학에 따르면, 모든 것의 운명은 파동 함수에 의해 결정된다. 그리고 파동 함수는 슈뢰딩거 방정식이라는 결정론적인 방정식에 의해 기술된다. 이런 의미에서는 양자역학도 결정론을 벗어나지 않는다.

그러나 라플라스의 악마가 특정 순간 모든 입자의 동역학을 기술하는 파동 함수를 알고 있더라도, 의미 있는 모든 물리량은 측정을 통해서만 결정된다. 물리적인 측정이 이루어지는 순간, 이전의 모든 정보가 사라지고 우주의 상태는 리셋된다. 우주가 어느 상태로 리셋되는지는 확률로만 결정되며, 파동 함수의 제곱이 그 확률을 준다.

기억을 되살려 보면, 이는 1장에서 설명한 양자역학의 코펜하겐 해석이다. 코펜하겐 해석에 따르면, 물리적인 측정이 이루어지면 파동 함수는 붕괴된다. 적어도 측정이 영향을 미치는 범위 안에서는 이전 상태의 정보는 모두 없어진다. 제아무리 라플라스의 악마라도 우주에 대한 완벽한 정보를 가질 수는 없다.

두 번째는 열역학 제2법칙이다. 열역학 제2법칙에 따르면, 엔트로피는 항상 증가한다. 이는 제아무리 대단한 라플라스의 악마라도 영원할 수는 없다는 것을 의미한다. 다시 말해, 어떤 순간에 라플라스의 악마가 존재하는 것이 가능하다고 해도, 시간이 흐르면 우주의 모든 정보를 수집하고 분석하는 것이 불가능해진다는 것을 뜻한다. 라플라스의 악마를 비롯한 우주의 전체 엔트로피는 언제나 증가하기 때문이다. 3장에서 설명한 바와 같이, 방을 아무리 깨끗하게 청소해도 우주 전체의 엔트로피는 증가하는 것과 같은 이유다.

결국 라플라스의 악마는 존재할 수 없다. 우주의 운명을 완벽하게 아는 것은 원칙적으로 불가능하다. 그래도 우주에는 예측 가능한 질서도 분명 존재한다. 열역학 제2법칙을 따라 전체적으로 엔트로피가 항상 증가하더라도, 국소적으로는 질서가 생길 수 있기 때문이다. 이러한 국소적인 질서 가운데 하나가 바로 생명이다.

생명이 존재하는 것은 그리 쉬운 일이 아니다. 생명이 열역학 제2법칙으로부터 스스로를 보호하려면, 복잡한 물질 구조를 지녀야 한다. 원자가 형성되어야 하고, 원자들은 분자^{molecule}로 결합해야 하며, 분자들은 응집물질$^{condensed\ matter}$로 결합해야 한다. 응집물질은 고도로 조직화되어야 한다.

그런데 결합에 필요한 것이 있다. 바로 힘이다. 힘의 근본적인 원리는 게이지 대칭성에 의해 주어진다. 그리고 게이지 대칭성은 파동함수를 전제한다. 따라서 곰곰이 생각해 보면, 양자역학은 단순히 원자가 형성되는 공명 조건을 제공하는 것이 아니라 힘의 근본적인 원리를 제공함으로써 원자 자체를 형성한다. 그리고 더 나아가, 양자역학은 응집물질과 생명의 근본 원리인 것이다.

양자역학은 운명이다.

5장

물질

: 관계에 관하여

Matter: On the Relation

인연이다. 우리가 이렇게 만난 것도 인연이다. 지금 읽는 글은 이 글이 쓰인 순간으로부터 긴 시간을 건너 읽는 이에게 닿은 것이다. 이는 마치, 우리 태양계에서 가장 가까운 별인 알파 센타우리에서 4.2년 전에 보낸 빛이 지금 우리에게 도달하는 것과 비슷하다. 읽는 이들 가운데 단 몇 명이라도 이 글로 인해 우리 존재의 의미를 새롭게 바라보게 된다면, 그 인연이 지닌 깊이는 또 어떻게 헤아릴 수 있을까? 인연은 아스라이 이어질 때 더 절절히 다가온다.

〈시네마 천국Cinema Paradiso〉이라는 영화가 있다. 주세페 토르나토레Giuseppe Tornatore가 감독한 이탈리아 영화로, 많은 이들에게 인연이 무엇인가에 대한 깊은 질문을 남겼다. 〈시네마 천국〉은 영화를 광적으로 좋아하는 한 소년, 토토의 성장 영화이자 사랑 그리고 우정에 관한 영화다.

영화는 1980년대 이탈리아 로마에서 유명한 영화감독으로 활동하고 있는 살바토레 디 비타가 어느 날 시칠리아에 있는 그의 고향 마을에서 알프레도가 죽었다는 소식을 듣는 장면으로 시작한다.

토토는 살바토레의 어릴 적 별명이었다. 아버지가 2차 세계대전에 참전하며 러시아 전선으로 떠나 엄마랑 어린 동생과 남겨졌지만 외롭지 않았다. '시네마 천국'이라는 이름의 영화관에 가서 엄마 몰래 좋아하는 영화를 실컷 볼 수 있었기 때문이다.

특히, 영화관에는 영사기를 운전하는 나이 지긋한 알프레도가 있었다. 장난기 가득한 토토는 영화가 끝나면 어김없이 영사실로 달려가 알프레도에게 영사 기술을 가르쳐 달라고 졸랐다. 알프레도는 영사 기사라는 직업이 영사실에 홀로 갇혀 같은 영화를 수백 번이나 봐야 하는 아주 '나쁜 직업'이라고 말하면서, 매번 토토를 쫓아냈다.

당시 이탈리아 남부의 사회 분위기는 굉장히 보수적이었다. 상영 예정인 모든 영화들은 마을 성당의 신부에게 검열받아야 했고, 신부는 키스 장면이 나오기라도 하면 알프레도에게 그 부분의 필름을 잘라버리도록 했다. 토토는 어떻게 하면 편집 장면을 볼 수 있을까 궁리하기에 바빴다.

남편 없이 토토와 어린 동생을 돌보느라 하루하루가 힘에 겨운 토토의 엄마에게는 토토가 영화에 미쳐 있는 것이 반갑지만은 않았다. 그러던 어느 날, 토토가 알프레도 몰래 훔친 필름 조각들에 불이 붙으면서 어린 동생이 위험에 처하게 되고, 이 일로 토토의 영화관 출입은 완전히 금지당한다.

하지만 어릴 시절 제대로 교육받지 못한 알프레도가 늦은 나이에 초등학교 졸업 시험을 치르기 위해 토토의 학교에 오게 되면서, 토토

그림 11　영화 〈시네마 천국〉의 한 장면

와 알프레도는 다시 만난다. 시험 준비를 하지 못한 알프레도는 토토
에게 답안지를 보여달라고 하고, 그 대가로 토토는 영사 기술을 배우
기로 한다. 그리고 영사 기술을 가르치고 배우며, 알프레도와 토토는
친구처럼 가까워진다.

　어느 날, 알프레도는 영화관의 영사기를 밖으로 돌려서 광장에 있
던 마을 사람들에게 영화를 보여준다. 하지만 순간의 방심으로 필름에
불이 붙고, 이 불은 영화관을 삽시간에 집어삼킨다. 그리고 알프레도
도 토토 덕분에 목숨은 건지지만, 이 화재 사고로 실명을 하고 만다.

　다행히 나폴리 출신의 한 복권 당첨자가 얼마 뒤 영화관 건물을 새
로 짓고 '신 시네마 천국'이라는 새 이름으로 영화관을 다시 개장한

다. 토토는 이 영화관에서 영사 기사로 일하며 어릴 적 꿈을 이룬다. 직업도 얻은 참에 학교를 그만두려고 하지만, 알프레도의 만류로 고등학교까지는 졸업하기로 약속한다.

학교에서 가정용 영화 카메라로 촬영을 하다가, 토토는 새로 전학 온 엘레나를 보고 한눈에 반한다. 상사병까지 앓게 된 토토는 결국 알프레도에게 조언을 구하고, 알프레도는 그런 토토에게 병사와 공주의 이야기를 들려준다.

"옛날에 공주를 사랑하게 된 병사가 있었다. 공주는 병사에게 100일간 발코니 밑에서 기다린다면 사랑을 받아주겠다고 약속했고, 병사는 99일 동안 비가 오나 눈이 오나 자리를 지켰다. 그런데 마지막 100일이 되는 날 병사는 떠나버렸다."

알프레도는 이 이야기의 의미를 묻는 토토에게 자신도 그 숨은 뜻을 모르니 병사가 떠난 이유를 나중에라도 알게 되면 꼭 알려달라고 부탁한다.

처음에는 짝사랑에 지나지 않았던 토토의 사랑은, 엘레나가 토토의 구애를 받아들이면서 연인으로 발전한다. 하지만 가난한 영사 기사인 토토에 대한 엘레나 아버지의 거센 반대로 둘은 헤어진다. 엎친데 덮친 격으로 엘레나의 가족은 이사를 가고, 토토도 병역의 의무에 따라 군대에 입대하게 된다. 군대에서 엘레나에게 보낸 편지들은 무슨 이유인지 모조리 반송되고, 토토와 엘레나의 인연은 그렇게 어처

구니없이 끝이 난다.

　한편, 군대에서 돌아와 다시 영사 기사로 일하려는 토토에게, 알프레도는 토토가 꿈을 이루기에는 이 마을이 너무 작으니 당장 마을을 떠나 로마로 가라고 말한다. 그리고 자신에게 편지하지 말고 고향을 잊고 지내며, 절대 뒤도 돌아보지 말라고 당부한다. 알프레도의 말을 가슴에 단단히 새긴 토토는 그렇게 시간이 흘러 유명한 영화감독이 된다.

　토토는 알프레도의 장례식에 참석하기 위해, 알프레도의 말을 따라 30년 동안 한 번도 찾지 않은 고향을 찾는다. 신 시네마 천국마저도 철거되어 이제 고향에 남은 것은 아무것도 없다고 슬퍼하며, 토토는 알프레도가 남긴 마지막 유품인 영화 필름만을 가지고 로마로 돌아온다. 그리고 개인 영사실에서 필름에 무엇이 담겨 있는지 확인하기 위해 영사기를 돌려본다.

　모든 영화를 통틀어 가장 감동적일 〈시네마 천국〉의 엔딩은 알프레도의 필름이 스크린에 투사되며 시작된다. 스크린에 비친 모습은 바로 키스 장면들이었다. 토토가 어렸을 때 마을 신부가 잘라내도록 했던 바로 그 키스 장면들이었다. 오래된 영화의 키스 장면들이 끝없이 이어지며 스크린을 채우고, 토토는 눈물을 흘린다.

　토토와 알프레도는 나이 차이를 넘어 깊은 우정을 나눈 친구이자, 함께 영화를 미치도록 사랑하는 동료였고, 서로의 인생을 지탱해 주는 가족이었다. 이렇듯, 인연은 가족을 만든다. 가족은 이웃을 만들고, 이웃이 모여 사회가 된다. 운이 좋으면 사회는 진보하고, 문명이 탄생한다. 지나치게 단순한 논리일지 모르지만, 인연은 문명을 탄생시킨다.

미시 세계에서도 비슷한 일이 일어난다. 원자들은 서로 관계를 맺으며 분자를 만들고, 분자들은 한데 모여 응집물질이 된다. 운이 좋으면 응집물질은 생명으로 진화하고, 의식이 탄생한다. 말도 안 되게 단순한 논리일지 모르지만, 원자들의 관계는 의식을 탄생시킨다. 그리고 의식을 지닌 인간들은 서로 인연으로 연결되고, 인연은 가족을 만든다. 이렇게 미시 세계는 거시 세계로 이어진다. 이제 이 모든 것의 출발점인 미시 세계로 다시 돌아가 원자들의 관계에 대해 알아보자.

·‥·· 공명의 구조 ··‥·

2장에서 보았듯이, 원자는 원자핵과 전자가 일으키는 공명 현상이다. 공명이 일어나면, 전자의 파동은 정상파를 만들어 낸다. 원자들의 관계는 기본적으로 원자 속 정상파가 3차원적으로 어떻게 출렁거리는지에 따라 결정된다. 공명의 구조란 다름 아닌 정상파가 3차원적으로 출렁거리는 모양이다.

그렇다면 공명의 구조는 원자들의 관계를 구체적으로 어떻게 결정하는 것일까? 이어지는 절에서 더 자세히 설명하겠지만, 원자들은 전자를 공유함으로써 서로 연결된다. 비유적으로 말해, 원자들은 전자라는 매개체를 서로 주고받으며 연결되는 것이다. (앗, 이 비유, 어딘지 익숙하지 않은가?)

그런데 이 상황에서 전자를 주고받는 공 던지기 놀이에 특별한 게임 규칙game rule을 부여한다고 해보자. 예를 들어, 어떤 원자가 주로 네 가지 방향으로 전자를 주고받는다고 하자. 그렇다면 이 원자는 자기 주변으로 4개의 원자와 이웃을 맺는 경향이 있을 것이다. 특히, 이 원자의 이웃들도 모두 같은 종류의 원자들로 구성되어 있다면, 이 원자들 각각은 서로 빈틈없이 4개의 이웃을 지니게 되어 격자 구조, 즉 고체를 형성할 것이다. 이렇게 네 방향으로 전자를 잘 주고받는 원자는 무엇일까? 그리고 이 원자들이 빈틈없이 4개의 이웃을 가지는 고체는 무엇일까?

답은 이미 2장에서 배웠다. 이 원자는 바로 탄소이고, 고체는 다이아몬드다. 그리고 전자를 주고받는 공 던지기 놀이에 부여된 특별한 게임 규칙은, 다름 아니라 정상파가 3차원적으로 출렁거리는 모양, 즉 공명의 구조다. (참고로, 탄소는 다이아몬드가 아니라 흑연을 형성하기도 한다. 흑연은 탄소가 최외각 궤도에 있는 4개의 전자 가운데 하나를 잃어버림으로써, 전자를 세 방향으로만 효과적으로 주고받을 때 발생한다.) 다시 한번, 원자들의 관계는 공명의 구조에 의해 결정된다.

하지만 불행히도, 정상파가 3차원적으로 출렁거리는 모양을 상상하기는 쉽지 않다. 그럼에도 정상파에 대한 고전역학적인 비유를 하나 떠올려 보자. 이 비유를 따라가려면, 우리는 지구에서 벗어나 우주로 나가야 한다. 구체적으로, 우리가 로켓을 타고 우주정거장을 방문

했다고 해보자. 중력이 없는 우주정거장에서 할 수 있는 간단하고 재미있는 실험이 하나 있는데(엄밀히 말하면, 무중량 상태다), 바로 물방울을 공중에 띄우는 것이다. 무중력 상태에서 물방울은 완벽한 구면을 형성한다.

이제 이 물방울을 톡 건드려 보자. 그러면 물방울의 구면이 출렁거릴 것이다. 구면이 출렁거리는 모양은 고속 비디오카메라로 촬영하면 자세히 관찰할 수 있다. 고속 비디오카메라에 찍힌 구면은 어떻게 출렁거릴까?

일반적으로는 매우 다양하고 복잡하게 출렁거린다. 그런데 그중에서도 어떤 출렁거림은 유독 오래 살아남는다. 간단히 말해서, 이렇게 구면 위에서 오래 살아남는 출렁거림을 '구면 정상파 spherical standing wave'라고 부른다. 특히, 구면 정상파는 수학적으로 구면 조화함수 spherical harmonics라는 매우 잘 알려진 함수에 의해 기술된다.

완벽하지는 않더라도, 지상에서 구현 가능한 예도 있다. 바로 라이덴프로스트 효과 Leidenfrost effect로, 이 현상은 뜨겁게 달구어진 프라이팬 위에 물을 뿌리는 경우에 발생한다. 소량의 물을 끓는점보다 훨씬 더 뜨겁게 달구어진 프라이팬 위에 갑자기 떨어뜨린다고 해보자. 그러면 프라이팬에 닿는 물의 아랫부분은 빠르게 끓으면서, 물과 프라이팬 사이에 증기로 이루어진 단열층을 만든다. 이렇게 만들어진 증기 단열층은 물방울을 공중으로 띄우고, 프라이팬 위에서 자유롭게 움직일 수 있도록 한다. 그리고 이때 물방울의 모양은 마구 출렁거린다. 당연하게도, 뜨거운 프라이팬 위의 물방울은 우주 공간의 물방울과 비슷하게 출렁거린다.

이제 고전역학적인 비유에서 벗어나, 양자역학의 세계로 돌아가보자. 원자 속에서 발생하는 공명의 구조는 슈뢰딩거 방정식에 의해 결정된다.

$$E\psi = H\psi$$

그리고 주어진 원자를 기술하는 슈뢰딩거 방정식의 구체적인 모습은 해밀토니언에 의해 규정된다. 예를 들어, 2장에서 설명했듯이, 수소 원자의 해밀토니언은 다음과 같이 쓰인다.

$$H = -\frac{\hbar^2}{2m}\left(\frac{\partial^2}{\partial x^2} + \frac{\partial^2}{\partial y^2} + \frac{\partial^2}{\partial z^2}\right) - \frac{e^2}{\sqrt{x^2 + y^2 + z^2}}$$

이제 다음 절에서, 수소 원자의 슈뢰딩거 방정식을 최대한 자세하게 풀어보자.

·‥· 원자 이론의 출발점, 수소 원자 ·‥·

수소 원자는 원자 이론의 출발점이다. 수소 원자를 이해하면, 다른 모든 원자들도 잘 이해할 수 있다. 그리고 수소 원자를 이해하려면, 수소 원자의 슈뢰딩거 방정식을 풀어야 한다. 그런데 수소 원자의 해밀토니언만 하더라도 아주 복잡해 보인다. 복잡한 슈뢰딩거 방정식을 간결하게 정리하는 방법은 없을까?

어떤 면에서 수학은 기호 놀이다. 변수만 잘 찾으면 복잡해 보이는 방정식도 간결하게 정리할 수 있다. 그리고 방정식을 간결하게 정리 하면 많은 경우에 방정식도 쉽게 풀린다.

앞서 슈뢰딩거 방정식의 해밀토니언이 복잡해 보이는 가장 중요한 이유는 변수 3개, 즉 x, y, z가 서로 얽혀 있기 때문이다. 참고로, x, y, z로 이루어진 좌표계를 '데카르트 좌표계Cartesian coordinate system'라고 부른다. 자, 그럼 혹시 x, y, z가 아닌 새로운 좋은 변수를 찾을 수 있을까? 다행히 그럴 수 있다.

구체적으로, 원자핵부터 전자까지의 거리를 보다 간편하게 $r = \sqrt{x^2 + y^2 + z^2}$ 이라는 변수로 표시해 보자. 즉, r은 반지름이다. 이제 수소 원자의 슈뢰딩거 방정식은 다음과 같이 아주 간결하게 표현된다.

$$E\psi = \left(-\frac{\hbar^2}{2m}\nabla^2 - \frac{e^2}{r} \right)\psi$$

독자들도 느끼겠지만, 이 슈뢰딩거 방정식이 간결해 보이는 것은 그저 눈속임일 뿐이다. 공간에 대해 두 번 미분을 취하는 연산자를 라플라시언Laplacian이라는 기호 '∇^2'로 치환한 것에 불과하기 때문이다.

$$\nabla^2 = \frac{\partial^2}{\partial x^2} + \frac{\partial^2}{\partial y^2} + \frac{\partial^2}{\partial z^2}$$

단순한 눈속임이 되지 않기 위해서는, 데카르트 좌표계에서 표현된 라플라시언을 새로운 좌표계, 즉 r을 포함한 변수들로 구성된 새로운 좌표계에서 표현해야 한다. 이 새로운 좌표계는 바로 구면 좌표계spherical coordinate system다.

구면 좌표계란 무엇인가? 간단히 말해서, 구면 좌표계란 3차원 공간 속의 한 위치를 반지름radius, 편각polar angle, 방위각azimuthal angle으로 표시하는 것이다. 비유적으로 말해서, 편각과 방위각은 각각 지구 표면 위의 한 위치를 규정하는 변수인 위도latitude와 경도longitude에 해당한다.

조금 더 구체적으로 말해, 지구 표면 위의 한 위치는 2개의 각도, 즉 위도와 경도로 규정된다. 먼저, 위도는 적도equator를 기준으로 주어진 위치가 얼마나 북쪽이나 남쪽에 위치하는지를 말해주는 각도다. 경도는 북극과 영국 그리니치 천문대를 연결하는 대원great circle, 즉 본초자오선prime meridian을 기준으로 주어진 위치가 얼마나 동쪽이나 서쪽에 위치하는지를 말해주는 각도다. (참고로, 현재 쓰이는 본초자오선은 그리니치 천문대를 기준으로 하는 본초자오선과 미세한 차이가 있다고 한다.)

편각은 위도와 기본적으로 다르지 않지만, 적도 대신 북극을 기준으로 삼는다. 즉, 북극의 편각은 0도이고, 적도의 편각은 90도이며, 남극의 편각은 180도다. 방위각은 경도와 정확히 같다. 본초자오선에 해당하는 경도의 기준은 북극과 x축이 구면을 뚫고 지나는 점을 연결하는 대원이다.

반지름은 지구의 중심에서 표면까지의 거리다. 지구의 경우에는 반지름이 (거의) 변하지 않겠지만, 일반적으로 3차원 공간에 주어지는 위치를 규정하려면 반지름이 필요하다.

다시 한번 정리해 보자. 구면 좌표계에서 3차원 공간 속의 한 위치는 반지름 r, 편각 θ, 방위각 φ로 표시된다. 구체적으로 데카르트 좌표계의 변수인 x, y, z와 구면 좌표계의 변수인 r, θ, φ는 다음과 같은 좌표 변환 관계식으로 연결된다.

$$x = r\sin\theta\cos\varphi$$
$$y = r\sin\theta\sin\varphi$$
$$z = r\cos\theta$$

좌표 변환 관계식을 이용하면, 데카르트 좌표계와 구면 좌표계 사이에서 원하는 대로 변수를 변환할 수 있다. 특히, 좌표 변환 관계식을 잘 이용하면, 구면 좌표계에서 라플라시언을 다음과 같이 쓸 수 있다.

$$\nabla^2 = \frac{1}{r^2}\frac{\partial}{\partial r}\left(r^2\frac{\partial}{\partial r}\right) + \frac{1}{r^2\sin\theta}\frac{\partial}{\partial\theta}\left(\sin\theta\frac{\partial}{\partial\theta}\right) + \frac{1}{r^2\sin^2\theta}\frac{\partial^2}{\partial\varphi^2}$$

구면 좌표계에서 라플라시언을 얻는 방법

데카르트 좌표계에서 라플라시언은 다음과 같이 주어진다.

$$\nabla^2 = \frac{\partial^2}{\partial x^2} + \frac{\partial^2}{\partial y^2} + \frac{\partial^2}{\partial z^2}$$

우리의 목표는 라플라시언을 구면 좌표계의 변수들로 표현하는 것이다. 그러기 위해서는 x, y, z에 대한 미분 연산자를 r, θ, φ에 대한 미분 연산자로 변환해야 한다. 우리의 방법은 미분의 연쇄 법칙chain rule을 쓰는 것이다. 예를 들어, x에 대한 미분 연산자는 다음과 같이 쓸 수 있다.

$$\frac{\partial}{\partial x} = \frac{\partial r}{\partial x}\frac{\partial}{\partial r} + \frac{\partial \theta}{\partial x}\frac{\partial}{\partial \theta} + \frac{\partial \varphi}{\partial x}\frac{\partial}{\partial \varphi}$$

이와 비슷하게 y, z에 대한 미분 연산자도 쓸 수 있다. 중간 계산 과정이 조금 복잡하기는 하지만, 데카르트 좌표계와 구면 좌표계 사이의 좌표 변환 관계식을 잘 이용하면, 구면 좌표계에서 라플라시언을 얻을 수 있다.

구면 좌표계에서 라플라시언은 매우 복잡해 보이지만, 그 안에는 간단하고도 편리한 구조를 담고 있다. 구체적으로, 다음과 같다.

$$\nabla^2 = \frac{1}{r^2} \frac{\partial}{\partial r} \left(r^2 \frac{\partial}{\partial r} \right) + \frac{A}{r^2}$$

$$A = \frac{1}{\sin \theta} \frac{\partial}{\partial \theta} \left(\sin \theta \frac{\partial}{\partial \theta} \right) + \frac{B}{\sin^2 \theta}$$

$$B = \frac{\partial^2}{\partial \varphi^2}$$

라플라시언 ∇^2는 그 안에 작은 미분 연산자 A를 품고 있고, A는 그 안에 작은 미분 연산자 B를 품고 있다. 이는 러시아의 민속 인형인 마트료시카에서 큰 인형이 그 안에 작은 인형을 품고 있는 것과 비슷하다. 특히, 여기서 주목해야 하는 것은 적어도 형식적으로는 3개의 미분 연산자 ∇^2, A, B가 서로 독립적으로 r, θ, φ에 의존한다는 사실이다. 즉, ∇^2는 r에만, A는 θ에만, B는 φ에만 의존하는 미분 연산자. 전문적으로 이를 '변수 분리separation of variables'라고 말한다. 사실, 엄밀히 말해서 변수 분리가 성립하려면 A, B가 다른 변수들에 의존하지 않는 상수여야 한다. 다행히도, 수소 원자의 경우에는 그렇다.

혼란스러운 이들을 위해 한번 정리해 보자. 변수 분리 방법을 쓰면, 라플라시언은 구면 좌표계의 각 변수에 의존하는 3개의 독립적인 미분 연산자로 분리된다. 그리고 이는 달리 말해, 전체 파동 함수를 구면 좌표계의 각 변수에 의존하는 3개의 독립적인 파동 함수의 곱으로 표현할 수 있다는 것을 뜻한다.

$$\psi = R(r)P(\theta)Q(\varphi)$$

그리고 이 부분 파동 함수가 만족하는 파동 방정식은 구체적으로 다음과 같다.

$$ER(r) = \left(-\frac{\hbar^2}{2m}\frac{1}{r^2}\frac{\partial}{\partial r}\left(r^2\frac{\partial}{\partial r} \right) - \frac{\hbar^2}{2m}\frac{A}{r^2} - \frac{e^2}{r} \right) R(r)$$

$$AP(\theta) = \left(\frac{1}{\sin\theta}\frac{\partial}{\partial\theta}\left(\sin\theta\frac{\partial}{\partial\theta} \right) + \frac{B}{\sin^2\theta} \right) P(\theta)$$

$$BQ(\varphi) = \frac{\partial^2}{\partial\varphi^2} Q(\varphi)$$

자, 이제 이러한 부분 파동 함수가 만족하는 파동 방정식의 물리적인 의미는 무엇일까? 이를 설명하고 이해하는 데는, 가장 마지막 단계의 파동 방정식, 즉 세 번째 파동 방정식부터 시작하는 것이 쉽다.

세 번째 파동 방정식은 방위각에 의존하는 파동 방정식이다. 사실, 이 파동 방정식은 보어의 양자화 조건과 깊은 관계를 맺고 있다. 더 구체적으로, 세 번째 파동 방정식은 그것을 두 번 미분한 값이 자기 자신에 비례하는 함수를 찾는 미분 방정식이다. 우리는 1장과 2장에서 이 함수가 무엇인지 배웠다. 바로 지수 함수다. (지수 함수는 1회 미분한 값이 자기 자신에 비례한다. 따라서 지수 함수는 2회 미분한 값도 자기 자신에 비례한다.)

$$Q(\varphi) = e^{im\varphi}$$

여기서 m은 정수로서, '자기 양자수 magnetic quantum number'라고 한다. (주의: 전자의 질량과 헷갈리지 말 것!) 물리적으로 말하자면, 이 파동 함수는 원형 궤도에 국한되어 출렁거리는 파동을 기술한다.

이렇게 원형 궤도에 국한되어 출렁거리는 파동이 정상파를 형성하려면, 방위각을 360도, 즉 2π만큼 돌렸을 때 파동 함수가 변하지 않아야 한다. 다시 말해, 파동 함수는 원형 궤도를 한 바퀴 돌았을 때 자기 자신으로 되돌아와야 한다.

$$Q(\varphi + 2\pi) = Q(\varphi)$$

오일러의 공식에 따라, 이 조건을 만족하려면 m이 정수가 되어야 한다. 이는 다름 아닌 보어의 양자화 조건이다.

이제 B의 값이 무엇인지 알아보자. $Q(\varphi)$를 φ에 대해 한 번 미분할 때마다 im이라는 비례 계수가 생긴다. 결론적으로 세 번째 미분 방정식에서 B의 값은 다음과 같다.

$$B = -m^2$$

앞서 말했듯이, 다행히 B는 상수다.

두 번째 파동 방정식은 편각에 의존한다. 앞서 얻은 세 번째 파동 방정식의 결과를 이용해, 두 번째 미분 방정식을 다시 써보자.

$$AP(\theta) = \left(\frac{1}{\sin\theta} \frac{\partial}{\partial\theta} \left(\sin\theta \frac{\partial}{\partial\theta} \right) - \frac{m^2}{\sin^2\theta} \right) P(\theta)$$

사실, 두 번째 미분 방정식은 앞 절에서 공명의 구조를 설명할 때 등장한 구면 위에서 정상파가 형성되는 조건과 깊은 관계가 있다. 우주에서 물방울은 구면을 형성할 수 있고, 구면을 건드렸을 때 오래 살아남는 출렁거림이 바로 구면 정상파라는 점을 기억할 것이다. 그런데 두 번째 파동 방정식은 바로 이 구면 정상파의 형성 조건과 그 것의 구체적인 모양을 결정한다.

여기서 자세히 유도할 수는 없지만, 두 번째 파동 방정식은 수학적으로 전체 각운동량의 크기가 양자화되는 조건이다. 전체 각운동량의 크기는 x, y, z 방향의 각운동량 성분의 제곱의 합으로 주어진다.

$$\boldsymbol{L}^2 = L_x^2 + L_y^2 + L_z^2 = -\hbar^2 \left(\frac{1}{\sin\theta} \frac{\partial}{\partial\theta} \left(\sin\theta \frac{\partial}{\partial\theta} \right) - \frac{m^2}{\sin^2\theta} \right)$$

두 번째 파동 방정식과 위 공식을 비교하면, 다음과 같은 결론을 얻는다.

$$\boldsymbol{L}^2 P(\theta) = -A\hbar^2 P(\theta)$$

여기서 자세하게 유도할 수는 없지만, A는 다음과 같이 주어진다.

$$A = -l(l+1)$$

여기서 l은 양의 정수로서, '각운동량 양자수angular momentum quantum number'라고 불린다. 다행히 A도 상수다. 나중에 더 자세하게 이야기하겠지만, 각운동량 양자수 l과 자기 양자수 m은 서로 연결된다.

그림 12는 최종적으로 얻어지는 구면 정상파의 모양(엄밀하게는, 구면 정상파를 기술하는 파동 함수의 실수 성분)을 보여준다. 구면 정상파의 모양은 각운동량 양자수 l과 자기 양자수 m에 의해 결정된다. 거칠게 말해, 구면 정상파는 각운동량 양자수 l이 커질수록 전체적으로 더 많이 출렁거리고, 자기 양자수 m이 커질수록 z축을 중심으로 회전하는 방향, 즉 방위각 방향으로 더 많이 출렁거린다. 역사적인 이유에서 구면 정상파들은 각운동량 양자수에 따라 구분되는 이름들

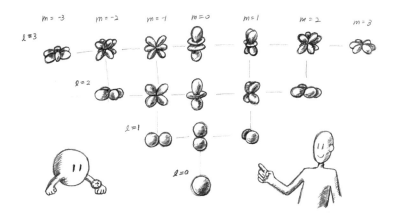

그림 12 구면 정상파의 모양

을 지닌다. 구체적으로, $l=0, 1, 2, 3$인 구면 정상파는 각각 's 파동', 'p 파동', 'd 파동', 'f 파동'이라고 불린다.

첫 번째 파동 방정식은 반지름에 의존하며, 최종적으로 수소 원자의 에너지 준위를 결정한다. 앞에서 얻은 두 번째 파동 방정식의 결과를 이용해, 첫 번째 미분 방정식을 다시 써보자.

$$ER(r) = \left(-\frac{\hbar^2}{2m}\frac{1}{r^2}\frac{\partial}{\partial r}\left(r^2\frac{\partial}{\partial r}\right) + \frac{\hbar^2}{2m}\frac{l(l+1)}{r^2} - \frac{e^2}{r} \right)R(r)$$

사실, 이 파동 방정식은 매우 자연스러운 것이다. 퍼텐셜 에너지에 해당하는 두 항을 매우 직관적인 형태의 유효 퍼텐셜 에너지^{effective} _{potential energy}로 다음과 같이 묶을 수 있기 때문이다.

$$V_{\text{eff}}(r) = \frac{l(l+1)\hbar^2}{2mr^2} - \frac{e^2}{r}$$

이 공식에서 첫 번째 항은 원심력에 의한 퍼텐셜 에너지이고, 두 번째 항은 전자기력, 즉 쿨롱 상호작용^{Coulomb interaction}에 의한 퍼텐셜 에너지다. 특히, 약간의 수학적인 요령을 부리면, 이 파동 방정식을 더 편리한 형태로 바꿀 수 있다. 구체적으로, 파동 함수 $R(r)$을 다음과 같이 표현해 보자.

$$R(r) = \frac{u(r)}{r}$$

이제 $u(r)$이 만족하는 파동 방정식은 다음과 같다.

$$\left(-\frac{\hbar^2}{2m}\frac{\partial^2}{\partial r^2} + V_{\text{eff}}(r)\right)u(r) = Eu(r)$$

이 슈뢰딩거 방정식은 반지름을 변수로 하는 1차원 공간에서 유효 퍼텐셜 에너지를 가지고 출렁거리는 정상파를 기술한다. 이번에도 자세히 유도할 수는 없지만, 수소 원자의 에너지 준위, 즉 E는 다음과 같이 주어진다.

$$E = -\frac{Ry}{n^2}$$

이 공식에서 Ry는 2장에서 언급한 뤼드베리 에너지 단위다. 이때 n은 1보다 큰 정수로서, '주 양자수principal quantum number'라고 불린다. 이미 예상했는지 모르겠지만, 이 결과는 보어 원자 모형의 결과와 정확히 일치한다! 참고로, 주 양자수 n과 각운동량 양자수 l은 다음과 같은 관계로 연결된다.

$$l = 0, 1, \cdots, n-1$$

즉, 주 양자수 n이 주어지면 각운동량 양자수 l은 n보다 작고 0보다 크거나 같은 정수다. 비슷하게, 각운동량 양자수 l과 자기 양자수 m은 다음과 같은 관계로 연결된다.

$$m = -l, -l+1, \cdots, l-1, l$$

즉, 각운동량 양자수 l이 주어지면 자기 양자수 m은 $-l$과 l 사이의 정수다. 그림 12를 다시 참고해 보라.

잠깐! 앞서, 수소 원자의 슈뢰딩거 방정식에서 얻은 결과가 보어 원자 모형의 결과와 완벽하게 일치한다고 했다. 그런데 무언가 이상하지 않은가? 보어의 양자화 조건은 방위각에 대한 파동 방정식과 관계가 있다. 앞서 보았듯이, 방위각에 대해 정상파가 형성되는 조건은 자기 양자수 m을 양자화시킨다. 그런데 실제로 에너지 준위를 결정하는 양자수는 자기 양자수 m이 아니라, 주 양자수 n이다. 곰곰이 생각해 보면, 직접적인 관련이 없는 두 양자수가 참으로 묘한 우연에 따라 같은 결과를 가져온 것이다!

이 묘한 기분을 뒤로하고, 본론으로 돌아가 보자. 우리는 수소 원자의 에너지 준위를 주는 공식을 얻었다. 수소 원자 속 전자는 이 에너지 준위 가운데 어느 하나에 위치할 수 있다. 전자가 가장 낮은 에너지 준위에 위치한다면, 수소 원자의 상태는 가장 안정적인 상태가 된다. 그리고 이 상태가 바닥 상태다. 바닥 상태보다 높은 에너지를 가지는 상태는 일반적으로 '들뜬 상태'라고 한다.

자, 이로써 우리는 수소 원자가 어떻게 만들어지는지 이해하게 되었다. 좋다. 그렇다면 다른 원자들은 어떻게 만들어질까?

원자들이 만들어지는 일반적인 규칙은 무엇일까?

· ·•· 채움의 구조 ·•· ·

에너지 준위만 놓고 보면, 다른 원자들도 수소 원자와 크게 다를 바 없다. 물론, 전자와 전자 사이의 상호작용을 무시한다는 가정에서 그렇다. 나중에 자세히 이야기하겠지만, 이는 근사적으로 나쁜 가정이 아니다. 따라서 전자와 전자 사이의 상호작용을 무시하고, 원자핵과 개별 전자 사이의 동역학을 기술하는 슈뢰딩거 방정식을 써보자.

$$E\psi = \left(-\frac{\hbar^2}{2m}\nabla^2 - \frac{Ze^2}{r} \right)\psi$$

여기서 Z는 원자핵의 원자 번호, 즉 원자핵을 구성하고 있는 양성자의 수다. 보통 원자는 전기 전하 중성을 유지하므로, 양성자 수와 같은 수의 전자를 지닌다.

이 슈뢰딩거 방정식은 수소 원자의 슈뢰딩거 방정식과 거의 똑같다. 유일한 차이인 원자 번호는 에너지 준위 공식을 살짝 수정하는 역할을 할 뿐이다. 구체적으로, 뤼드베리 에너지 단위 속에 들어 있는 e^2을 Ze^2으로 바꾸어 주기만 된다. 결론적으로, 에너지 준위 공식은 다음과 같이 바뀐다.

$$E = -Z^2\frac{Ry}{n^2}$$

간단히 말해, 원자 번호의 역할은 모든 에너지를 Z^2만큼 키우는 것이다. 자, 이제 우리에게 주어진 과제는 앞에서 얻은 에너지 준위를 Z개의 전자로 채우는 일이다.

그렇다면 에너지가 가장 낮은 상태, 즉 주 양자수 $n=1$인 바닥 상태에 모든 전자를 몰아넣을 수도 있을까? 그럴 수만 있다면 모든 전자의 에너지를 더한 전체 에너지도 가장 낮아질 것이다. 그런데 이는 불가능하다. 파울리의 배타 원리Pauli's exclusion principle 때문이다. 거칠게 말해서, 파울리의 배타 원리란 하나의 주어진 양자 상태quantum state에는 단 하나의 전자만 넣을 수 있다는 법칙이다.

잠깐, 양자 상태란 무엇일까? 기본적으로, 양자 상태는 하나의 정상파를 의미한다. 결과적으로, 파울리의 배타 원리에 따라, 여러 개의 전자를 바닥 상태에 한꺼번에 넣을 수는 없다. 그러나 전자들은 바닥 상태에서 시작해 에너지가 높아지는 순서대로 에너지 준위를 하니씩 차곡차곡 채운다.

사실 엄밀히 말해, 하나의 에너지 준위에는 2개의 전자를 넣을 수 있다. 전자에는 크게 두 종류가 있기 때문이다. 예를 들어, 전자는 z축을 중심으로 오른손잡이 방향이나 왼손잡이 방향으로 자전할 수 있다. (오른손잡이 방향이란, z축이라는 막대기를 오른손으로 잡았을 때 엄지를 제외한 나머지 손가락들이 가리키는 회전 방향을 뜻한다. 왼손잡이 방향은 그와 정반대 방향을 뜻한다.) 전자의 이러한 자전을 양자역학적으로 '스핀spin'이라고 부른다. 특히, 편의상 오른손잡이와 왼손잡이 방향으로 자전하는 전자의 상태를 각각 스핀 업up, 스핀 다운down 상태로 구별한다.

결론적으로, 하나의 에너지 준위에는 스핀 업과 스핀 다운 상태를 가진 2개의 전자를 채워 넣을 수 있다. 이런 방식으로 전자들은 바닥 상태에서 시작해서 에너지가 높아지는 순서대로 에너지 준위를 하나씩 차곡차곡 채워 올라가는 것이다.

탄소를 예로 들어보자. 2장에서 보았듯이, 탄소의 원자핵은 6개의 양성자로 이루어져 있다. 따라서 탄소 원자는 기본적으로 6개의 전자를 적절하게 에너지 준위에 차곡차곡 채워짐으로써 형성된다. 구체적으로, 주 양자수 n, 각운동량 양자수 l, 자기 양자수 m 사이의 관계식에 따라 다음과 같이 채워진다. 먼저, 주 양자수 $n=1$인 ($n=1, l=0$, $m=0$) 상태에 스핀 업인 전자 1개, 스핀 다운인 전자 1개를 채워 넣을 수 있다. 참고로 $n=1$인 ($n=1, l=0, m=0$)을 가지는 상태는 흔히 '1s 상태'라고 한다.

그다음으로, 주 양자수 $n=2$인 ($n=2, l=0, m=0$) 상태, 즉 2s 상태와 ($n=2, l=1, m=-1, 0, 1$) 상태, 즉 2p 상태에 나머지 4개의 전자들을 채워 넣어야 한다. 주 양자수 $n=2$인 상태들의 수는 총 4개이고, 스핀 상태에 따라 최대 8개의 전자가 채워질 수 있다.

처음 생각하기에, 주 양자수 $n=2$인 상태들은 모두 에너지가 같기에 그것들 가운데 무엇을 채우든 큰 차이가 없을 듯하다. 그런데 만약 어떤 이유에서 4개의 전자가 모두 똑같은 스핀 상태를 가진다면, 주 양자수 $n=2$인 상태들은 모두 전자를 하나씩 공평하게 나누어 가질 것이다. (참고로, 이렇게 에너지가 같은 에너지 준위들을 채울 때, 전자들이 가능하면 모두 동일한 스핀 상태를 가지려는 경향이 있다는 근사 법칙을 '훈트 규칙Hund's rule'이라고 한다.)

이러한 상황에서 주 양자수 $n=2$인 상태들은 서로 적절하게 결합해, 마치 사람의 팔처럼 밖으로 길게 뻗은 모양의 정상파를 형성한다. 그리고 이 정상파는 다른 원자들과 관계를 맺는 연결 고리처럼 행동할 수 있다. 이는, 앞서 보았던 것처럼, 탄소가 4개의 방향으로 전자를 잘 주고받을 수 있다는 것을 의미한다. 결론적으로,

원자는 슈뢰딩거 방정식에 따라 규정되는 공명의 구조와
파울리의 배타 원리에 따라 규정되는 채움의 구조에 의해 결정된다.

다음 절에서는 바로 이 파울리의 배타 원리가 도대체 어떻게 나타나게 되는지 알아보자.

·· •·· 파울리의 배타 원리 ··• ··

모든 전자는 완전히 똑같다. 그 어떤 방법을 써도, 우리는 전자들을 구별할 수 없다. 이 사실은 전자뿐만 아니라, 모든 근본적인 입자에 적용된다. 서로 구별되지 않는 입자들이 여러 개인 상황을 기술하는 파동 함수에는 일종의 제한이 가해지는데, 이 제한은 입자의 '통계statistics'라고 한다.

구체적으로 N개의 구별 불가능한 입자들로 이루어진 시스템의 파동 함수를 생각해 보자.

$$\Psi(r_1, r_2, \cdots, r_N)$$

여기서 $r_1, r_2, \cdots, r_N$은 각각 $1, 2, \cdots, N$번째 전자의 위치를 나타내는 벡터다. 물론 이렇게 개별적인 입자들을 구별하는 것은 의미가 없다. 예를 들어, 1번과 2번 전자의 위치를 바꾸어도 파동 함수가 기술하는 물리적 상황은 바뀌면 안 된다. 파동 함수가 기술하는 물리적 상황이 바뀌지 않는다는 것은 무슨 의미인가?

앞에서 여러 번 보았듯이, 물리적으로 의미 있는 확률은 파동 함수의 크기의 제곱에 의해 주어진다. 파동 함수의 위상을 임의로 바꾸어도(이것이 다름 아닌 게이지 변환이다), 확률은 변하지 않는다. 따라서 1번과 2번 전자의 위치를 바꾸기 전의 파동 함수와 바꾼 다음의 파동 함수는 물리적으로 완전히 동일한 상황을 기술해야 하며, 이때 위상 인자의 차이만 있거나 없어야 한다. 달리 말해, 위상 인자가 아닌 다른 차이가 있어서는 안 된다.

$$\Psi(r_2, r_1, \cdots, r_N) = e^{i\theta}\Psi(r_1, r_2, \cdots, r_N)$$

일반적으로, 전자를 포함한 모든 입자의 교환으로 발생하는 위상 θ는 모든 입자의 위치에 의존하는 매우 복잡한 함수일 수 있다. 하지만 자연은 우리에게 가장 단순한 두 가지 경우만 허용한다. 즉, 우주의 모든 입자는 입자 교환으로 발생하는 위상 인자를 +1이나 −1, 이렇게 둘 중 하나만 가진다. 입자 교환으로 발생하는 위상 인자가 +1인 입자를 '보손'이라고 부르고, −1인 입자를 '페르미온fermion'이라고 부른다. 참고로, 광자는 보손이고, 전자는 페르미온이다.

사실, 입자 교환으로 발생하는 위상 인자가 ±1이 아니라 임의의 복소수인 경우를 상상해 볼 수도 있다. 아직 실험적으로 관측되지는 않았지만, 이러한 특별한 통계는 2차원에서 가능하다. 그리고 이 통계를 따르는 입자를 '애니온anyon'이라고 한다.

다시 본론으로 돌아가 보자. 우리는 전자에 관심을 두고 있으므로, 페르미온에 집중하자. 두 페르미온의 위치를 교환하면 파동 함수에 −1이 붙는다.

$$\Psi(r_2, r_1, \cdots, r_N) = -\Psi(r_1, r_2, \cdots, r_N)$$

이 조건에서 1번과 2번 입자의 위치가 같아진다고 해보자. 즉, $r_1 = r_2$가 된다고 해보자. 이는 어떤 함수가 있는데, 이것과 이것에 음의 부호를 붙인 것이 동일하다는 뜻이다. 다시 말해, 이는 파동 함수가 0이 된다는 것을 의미한다. 결국, 2개 이상의 구별 불가능한 페르미온은 같은 위치에 존재할 수 없다. 그런데 이것이 다름 아닌 파울리의 배타 원리다.

그런데 사실, 위치가 중요한 것은 아니다. 이제 잘 알고 있듯이, 어차피 입자는 한 점에 위치하지 않고 공간에 퍼져 있다. 따라서 입자를 교환한다는 것은 위치뿐만 아니라 입자의 상태를 구별할 수 있는 모든 물리량을 모두 교환한다는 것을 뜻한다. 결론적으로, 파울리의 배타 원리가 말해주는 바는 관찰 가능한 모든 물리량에 의해 규정되는 하나의 '양자 상태'에 2개 이상의 페르미온이 함께 존재할 수는 없다는 것이다. 그렇다면 위치가 아닌 관찰 가능한 물리량에는 무엇이 있을까?

전자는 위치에 의해 규정되는 궤도 자유도^{orbital degree of freedom} 말고도, 스핀이라는 내부 자유도^{internal degree of freedom}를 가진다. 따라서 앞에서 1번과 2번 입자를 교환할 때, 사실 위치뿐만 아니라 그것들의 스핀 상태까지 교환해야 한다. 그리고 이렇게 궤도와 스핀 양자 상태를 모두 교환하면, 파울리의 배타 원리가 만족된다.

정리해 보자. 전자는 페르미온이다. 여러 전자들로 이루어진 시스템을 기술하는 파동 함수는 파울리의 배타 원리를 만족한다. 파울리의 배타 원리에 따르면, 주어진 궤도 상태마다 스핀 업과 스핀 다운을 지니는 전자를 둘씩 채워 넣을 수 있다.

전자와 전자 사이의 상호작용을 무시할 수 있다면, 이 방식으로 모든 원자의 전자 구조를 이해할 수 있다. 그리고 실제로 이 방식은 대부분의 경우 꽤나 잘 들어맞는다. 물론, 전자와 전자의 상호작용을 무작정 무시할 수는 없다. 원자 번호가 커지면 커질수록 원자의 전자 구조도 복잡해진다. 여기서는 원자핵의 전하량이 큰 원자의 전자 구조에 대해 깊이 들어가지 않을 것이다. 다만, 이어지는 절에서 보겠지만, 전자와 전자 사이의 상호작용은 원자들의 결합에서 아주 중요한 역할을 한다.

· ·• 공유 결합 •· ·

원자들의 결합을 이해하기 위해, 간단한 구조를 지닌 분자 하나를 생각해 보자. 아마도 가장 간단한 구조의 분자는 수소 원자 2개로 이루어진 수소 분자hydrogen molecule일 것이다.

조금 더 구체적으로, 수소 원자 2개가 일정한 거리를 두고 떨어져 있다고 상상해 보자. 수소 원자들의 거리가 충분히 멀다면, 2개의 수소 원자는 서로 상당히 독립적으로 행동할 것이다. 특히, 2개의 전자는 기본적으로 서로 다른 수소 원자핵에 묶일 것이다.

하지만 우리는 어떤 전자가 정확히 어떤 수소 원자핵에 묶이는지 알 수 없다. 앞서 말했듯이, 모든 전자는 구별 불가능하기 때문이다. 전자는 어느 한 수소 원자핵에 온전히 묶이지 못하고, 2개의 수소 원자핵들 사이를 오고 가는 양자 상태를 형성한다. 그렇다면 이 양자 상태는 구체적으로 무엇일까?

먼저, 전자 하나가 특정 순간에 왼쪽 수소 원자핵에 묶여 있는 상태를 $\psi_L(r)$이라는 파동 함수로 나타내 보자. 비슷하게, 전자 하나가 특정 순간에 오른쪽 수소 원자핵에 묶여 있는 상태를 $\psi_R(r)$이라는 파동 함수로 나타내자.

이제 전자와 전자 사이의 상호작용을 고려할 때가 되었다. 전자와 전자 사이에는 서로 밀어내는 쿨롱 상호작용이 있다. 다시 말해, 2개의 전자는 같은 원자핵에 묶이지 않는다. 1번 전자가 왼쪽 수소 원자핵에 묶인다면, 2번 전자는 오른쪽 수소 원자핵에 묶일 것이다. 반면, 1번 전자가 왼쪽에서 오른쪽 수소 원자핵으로 자리를 옮긴다면, 2번 전자는 반대로 자리를 옮길 것이다. (이때 '1번 전자', '2번 전자'는 임의로 붙인 이름이고, 전자를 서로 구별할 수 없다는 점을 다시 한번 주의하라.)

수학적으로, 첫 번째 상황을 기술하는 파동 함수는 다음과 같다.

$$\psi_{12} = \psi_L(\boldsymbol{r_1})\psi_R(\boldsymbol{r_2})$$

비슷하게, 두 번째 상황을 기술하는 파동 함수는 다음과 같다.

$$\psi_{21} = \psi_L(\boldsymbol{r_2})\psi_R(\boldsymbol{r_1})$$

고전역학에서라면, 2개의 전자로 이루어진 전체 시스템은 이 두 상태 가운데 하나로 선택될 것이다. 하지만 양자역학에서 전체 시스템은 두 상태의 선형 중첩linear superposition 상태로 존재할 수 있다.

선형 중첩이란 1장에서 설명한 기로에 선 전자가 서로 다른 두 길을 동시에 걸어가는 것과 비슷하다. 우화 〈영의 이중 슬릿 실험과 양자 시계〉에서는 전자 하나가 2개의 분신을 만들어 2개의 얇은 틈 사이를 동시에 지나갔다. 마찬가지로, 2개의 전자로 이루어진 전체 시스템은 1번 전자가 왼쪽, 2번 전자가 오른쪽 수소 원자핵에 묶인 상태에 있으면서도, 1번 전자가 오른쪽, 2번 전자가 왼쪽 수소 원자핵에 묶인 상태에 있다. 즉, 2개의 상태로 동시에 존재한다. 그런데 구체적으로, 선형 중첩에는 다음과 같은 두 가지 가능성이 있다.

$$\Psi_+ = \psi_{12} + \psi_{21}$$

$$\Psi_- = \psi_{12} - \psi_{21}$$

사실, 이 파동 함수는 둘 다 정확하지 않다. 이 공식에서는, 전체 확률이 1보다 커지기 때문이다. 이 문제를 해결하려면, 파동 함수에 적절한 상수, 이른바 '규격화 계수$^{normalization\ constant}$'를 곱해서 전체 확률을 1로 맞추어야 한다. 그러려면 이 파동 함수에서 ψ_{12}와 ψ_{21}의 확률이 반반씩 섞여야 한다. 그러나 확률은 파동 함수의 크기의 제곱이지, 파동 함수가 아니다. 즉, 규격화 상수는 1/2이 아니라 $1/\sqrt{2}$이 되어야 한다.

$$\Psi_\pm = \frac{1}{\sqrt{2}}(\psi_{12} \pm \psi_{21})$$

자, 이제 두 가능성 중에서 어떤 상태가 맞을까? 여러분은 전자가 페르미온이고, 페르미온은 파울리의 배타 원리를 따라야 한다는 점을 기억할 것이다. 따라서 1번과 2번 전자의 위치를 교환하면 그 앞에 음의 부호가 붙는 파동 함수, 즉 Ψ_-가 올바른 파동 함수일 것이라고 추론할 수 있다.

그런데 실제로는 조금 더 복잡하다. 전자가 스핀이라는 내부 자유도를 가지고 있기 때문이다. 즉, 전자는 스핀 업과 다운이라는 두 스핀 상태 가운데 하나로 존재한다. 스핀 상태가 업이면 '$|\uparrow\rangle$' 다운이면

'| ↓ ⟩'이라고 표시하자. (이 표기에 관한 의문은 잠시 접어두자.)

이제 2개의 전자로 이루어진 전체 시스템의 스핀 상태를 생각해 보자. 특히, 파울리의 배타 원리를 고려하면, 개별 전자의 스핀 상태를 서로 교환하는 것에 대해 전체 시스템의 스핀 상태의 부호는 일정해야 한다. 이러한 스핀 상태는 다음과 같은 네 가지 파동 함수로 쓸 수 있다.

$$\chi_{11} = |\uparrow\uparrow\rangle, \ \chi_{10} = \frac{1}{\sqrt{2}}(|\uparrow\downarrow\rangle + |\downarrow\uparrow\rangle), \ \chi_{1,-1} = |\downarrow\downarrow\rangle$$

$$\chi_{00} = \frac{1}{\sqrt{2}}(|\uparrow\downarrow\rangle - |\downarrow\uparrow\rangle)$$

여기서 세로줄과 꺾인 괄호 사이에 있는 첫 번째와 두 번째 화살표는 각각 1번과 2번 전자의 스핀 상태를 나타낸다.

이 파동 함수의 의미를 보다 자세히 설명하면 다음과 같다. 첫 번째 파동 함수는 1번과 2번 스핀이 모두 업인 상태를 나타낸다. 반면, 두 번째 파동 함수와 마지막 파동 함수는 1번과 2번 스핀이 각각 업과 다운으로 다른 스핀 상태를 가지며 선형 중첩을 이루는 상태를 나타낸다. 세 번째 파동 함수는 1번과 2번 스핀이 모두 다운인 상태를 나타낸다.

자세히 살펴보면 알겠지만, 위 줄에 있는 3개의 스핀 상태는 1번 전자와 2번 전자의 스핀을 교환하는 것에 대해 부호가 바뀌지 않는 반면, 아래 줄에 있는 스핀 상태는 스핀 교환에 대해 부호가 바뀐다.

결론적으로, 궤도와 스핀 자유도를 모두 포함하는 전체 시스템의 파동 함수는 다음과 같은 두 가지 파동 함수 가운데 하나로 주어진다.

$$\Psi_A = \Psi_- \cdot \chi_{1m}$$
$$\Psi_S = \Psi_+ \cdot \chi_{00}$$

여기서 $m=-1, 0, 1$이다. 위의 두 가지 파동 함수는 모두 물리적으로 가능하다. 다시 말해, 1번과 2번 전자의 위치와 스핀을 모두 교환하면 전체 파동 함수가 음의 부호를 띤다. 참고로, Ψ_S와 Ψ_A는 각각 '대칭 결합symmetric bonding 상태', '반대칭 결합antisymmetric bonding 상태'라고 한다.

대칭과 반대칭 결합 상태에 물리적인 차이가 있을까? 먼저, 둘이 같은 에너지를 가지는지, 아니면 어느 한쪽이 더 낮은 에너지를 가지는지 물을 수 있다. 여기서 자세히 유도할 수는 없지만, 더 낮은 에너지를 가지는 상태는 Ψ_S다.

간단히 말해, 대칭 결합 상태인 Ψ_S가 더 낮은 에너지를 가질 수 있는 이유는 1번과 2번 전자가 같은 위치에 있더라도 파동 함수의 값이 사라지지 않기 때문이다. 즉, 전자가 두 수소 원자핵 사이에 위치할 확률이 있기 때문이다. 물론, 두 수소 원자핵 사이에 있을 확률은 크지 않지만, 이 작은 확률로 인해 에너지가 낮아질 수 있다.

직관적으로 말해, 전자는 두 수소 원자핵 사이에 위치함으로써 마치 접착제처럼 두 수소 원자핵을 결합시키는 것이다. (퀴즈: 전자와 전자가 서로 밀어내는 상호작용의 효과는 어떻게 되었나?) 이렇게 전자를 공유함으로써 원자가 결합되는 메커니즘을 전문적으로 '공유 결합covalent bonding'이라고 한다.

반면, 반대칭 결합 상태인 Ψ_A에서는, 1번과 2번 전자가 같은 위치에 존재하면 파동 함수의 값이 사라진다. 따라서 전자가 두 수소 원자핵 사이에 존재할 확률도 없다.

참고로, 여기서 대칭 결합이든 반대칭 결합이든 스핀의 상태가 에너지에 직접적으로 영향을 미치지 않는다는 점에 주목하라. 쿨롱 상호작용만 있는 지금과 같은 상황에서는, 에너지가 궤도 자유도에만 의존하기 때문이다. 스핀 상태는 파울리의 배타 원리를 통해 궤도 자유도에 영향을 미치기에, 에너지가 결정되는 데는 간접적으로만 기여한다.

공유 결합은 수소 분자와 같이 동일한 원자끼리 결합하거나, 전자들이 각 원자핵에 묶인 정도가 비슷한 원자끼리 결합하는 경우에 발생한다. 공유 결합은 수소, 산소, 탄소, 질소 등의 결합으로 형성되는 거의 대부분의 유기 화합물이 만들어지는 원리다.

그런데 한 원자가 다른 원자에 비해 전자를 아주 강하게 끌어당길 수도 있을 것이다. 그러면 양의 전하를 지닌 이온과 음의 전하를 지닌 이온이 서로 결합하는 일이 벌어지는데, 이러한 결합 메커니즘을 '이온 결합ionic bonding'이라고 한다. 이온 결합으로 형성되는 가장 대표적인 물질이 소금이다.

사실, 원자들이 결합하는 메커니즘은 원하는 만큼 무수히 세분화할 수도 있지만, 보통 크게 세 가지로 구분한다. 그 가운데 두 가지 결합은 앞서 설명한 공유 결합과 이온 결합이고, 일반적으로 분자의 결합에는 공유 결합과 이온 결합의 성질이 적절히 섞여 있다.

세 번째 결합은 금속 결합metallic bonding이다. 금속 결합을 통해 원자들은 금속metal을 포함한 도체conductor, 그리고 세라믹ceramic을 포함한 반도체semiconductor와 같이, 질서 있는 격자 구조를 지니는 고체, 즉 결정crystal을 형성할 수 있다.

·‌·· 격자 구조 안의 전자들 ·‌··

공유 결합은 전자가 자신에게 할당된 원자핵에 강하게 묶이는 상황에서 발생한다. 아니, 엄밀하게 말해서, 공유 결합에서 전자는 하나의 원자핵에 온전히 묶이지 못하고 인접한 2개의 원자핵 사이를 오고 가는 선형 중첩 상태로 존재한다. 그런데 원자들이 많아지면, 전자가 특정한 원자핵에 묶이거나 인접한 2개의 원자핵 사이에서 오고 가지 않을 수도 있다. 다시 말해, 원자를 구성하던 전자들 가운데 일부는 원자핵으로부터 완전히 풀려나 자유롭게 돌아다닐 수 있다. 이른바 '자유 전자free electron'가 되는 것이다. 물론, 모든 전자들이 자유 전자가 되지는 않고, 일반적으로 최외각 궤도의 전자들만 그럴 가능성이 있다. 원자핵들에 붙잡혀 있는 내부 전자들은 상호작용을 통해 격자 구조가 형성되는 토대를 제공한다.

사실, 최외각 궤도의 전자들이 자유 전자가 되어도, 정말 진공 속의 전자들처럼 자유롭게 움직이는 것은 아니다. 바로 격자 구조 때문이다. 원자핵들은 자유 전자가 되지 않고 남아 있는 내부 전자들을 단단하게 붙잡고 있고, 원자핵들과 내부 전자들은 상호작용을 통해 특정한 격자 구조가 형성되는 토대를 제공한다.

격자 구조에는, 마치 바다의 물길처럼, 자유 전자들이 쉽게 움직일 수 있는 길과 그렇지 않은 길이 생긴다. 다시 말해, 전자는 어느 길로는 가볍게, 다른 어느 길로는 무겁게 움직인다. 전자의 질량이 운동 방향에 의존하게 되는 것이다. 이렇게 격자 구조 안에서 정의되는 전자의 질량을 '유효 질량effective mass'이라고 하는데, 전자의 유효 질량은 방향에 따라 크거나 작다. 심지어 때에 따라서는, 질량 개념 자체가 더 이상 정의되지 않는 경우도 생긴다. 이 경우에 운동 에너지는 더 이상 운동량의 제곱에 비례하지 않는다. 그럼에도 격자 구조 안의 자유 전자들은 아주 자유롭게 돌아다닌다.

정리해 보자. 최외각 궤도의 전자들은 자유 전자가 되어, 원자핵과 내부 전자들이 형성하는 격자 구조 안을 어느 정도 자유롭게 돌아다닌다. 이러한 자유 전자들은 주어진 격자 구조를 최종적으로 안정화시키는 접착제의 역할을 한다. 결국, 내부 전자와 자유 전자를 포함한 모든 전자는 격자의 형성에 제 나름대로 주어진 역할을 하는 것이다. 그리고 이러한 메커니즘을 바로 '금속 결합'이라고 한다.

그런데 자유 전자들은 정확히 어떤 상태를 구성하는 것일까? 일반적으로 격자 구조 안에서의 운동 에너지는 매우 복잡하다. 그럼에도 전자와 전자의 상호작용을 무시할 수 있다면, 전자들은 마치 원자 안에서 그랬던 것처럼 격자 구조 안에서도 운동 에너지가 낮은 상태부터 높은 상태까지 차곡차곡 채워나갈 것이다. 전문적으로, 이와 같은 상태를 마치 바닷물이 바다를 채우듯이 전자들이 운동량 공간을 채운다는 뜻에서 '페르미 바다Fermi sea'라고 한다. 결론적으로, 질서 있는 격자 구조를 지닌 결정 안에서 자유 전자들은 자유롭게 움직이는 페르미 바다를 이룬다.

페르미 바다에 관한 이야기가 이것으로 끝일까? 그렇지 않다. 아직 중요한 문제가 하나 남아 있다. 우리는 페르미 바다의 형성에 관해, 전자와 전자의 상호작용을 제대로 고려하지 않았다. 기억해 보면, 공유 결합의 경우 전자들의 상호작용은 매우 중요한 역할을 했다. 페르미 바다에서 전자와 전자의 상호작용을 무시할 수 있을까?

· ·• 페르미 바다 •· ·

고체 물리solid state physics라는 분야가 있다. 도체, 반도체, 부도체insulator, 초전도체superconductor와 같이 질서 있는 격자 구조를 지닌 결정에서 일어나는 다양한 물리 현상을 연구하는 분야다. 그런데 엄밀히 말하자면, 고체 물리에서 실제로 연구하는 주제는 액체의 성질일 때가 많다. 고체의 주요 성질을 결정하는 전자가 페르미 바다를 이루기 때문이다. ('페르미 바다'는 다른 말로 '페르미 액체Fermi liquid'다.)

앞 절의 끝부분에서 우리는 다음과 같이 물었다.

페르미 바다에서 전자와 전자의 상호작용을 무시할 수 있을까?

답을 말하면, 그렇다. 무시할 수 있다. 왜 그럴까? 먼저, 페르미 바다의 깊숙한 밑바닥에 자리 잡은 전자들은 쿨롱 상호작용이 있어도 거의 아무런 영향도 받지 않는다. 전자들은 실제 공간에서는 자유롭게 움직일 수 있지만, 페르미 바다의 깊은 밑바닥에서는 전혀 움직일 수 없기 때문이다. 다시 말해, 페르미 바다의 밑바닥에 있는 운동량 상태들은 이미 전자들로 꽉 채워져 있다. 파울리의 배타 원리에 의하면, 이미 채워진 상태에는 다른 전자가 들어갈 수 없다. 따라서 페르미 바다의 밑바닥에 있는 전자들은 서로 거의 아무 영향도 끼치지 않는다. 쿨롱 상호작용은 고작 페르미 바다의 표면과 가까운 곳에만 변화를 일으킬 수 있다.

이제 페르미 바다의 표면에서는 무슨 일이 일어나는지 알아보자. 페르미 바다의 표면 위에 어떤 전자가 하나 있다고 해보자. 이 전자는 표면 아래의 다른 전자와 쿨롱 상호작용을 할 수 있다. 이 쿨롱 상호작용의 결과로, 표면 아래의 전자는 운동 에너지를 얻고 페르미 바다의 표면 위로 탈출할 수 있다. 그러면 탈출한 전자가 있었던 운동량 상태는 비워진다. 결과적으로, 페르미 바다의 표면 위에 있는 전자는 페르미 바다의 내부에 빈 공간을 하나 만들고, 외부에 전자를 하나 만듦으로써 들뜬 상태를 일으킨다. 참고로, 페르미 바다의 내부에 생긴 이러한 빈 공간을 '홀hole'이라고 부른다.

이렇게 만들어진 페르미 바다 안의 홀과 외부의 전자는 마치 거품처럼 생기고 없어지기를 반복하면서, 들뜬 상태를 일으킨 원래 전자를 따라다닌다. 외부의 전자와 홀이 만드는 이러한 쌍을 전문적으로는 '전자-홀 거품electron-hole bubble'이라고 한다.

그런데 이 전자-홀 거품은, 마치 작은 철조각들이 사식에 이끌리듯이, 처음에 자신을 만들어 낸 전자를 둘러싸려는 경향을 가진다. 그러면 원래 전자는 전자-홀 거품에 완전히 가려져 거의 사라진 듯 보인다. 결과적으로, 멀리 떨어진 전자들끼리는 서로가 서로에게 전기 전하가 없는 중성의 입자처럼 보인다. 결국, 전자와 전자 사이의 쿨롱 상호작용이 사라지고, 페르미 바다는 안정화된다. 질서 있는 격자 구조를 지닌 결정 안에서는, 전자가 정말 자유롭게 움직일 수 있게 되는 것이다.

이는 자유 전자에게 정말 행운이다. 그리고 우리에게도 정말 행운이다. 페르미 바다가 안정화된다는 점은 응용 면에서 매우 중요하기 때문이다. 다시 말해, 전기·전자공학 전체가 근본적으로 금속과 반도체에서 전자들이 자유롭게 이동할 수 있다는 사실에 기반하기 때문이다.

물론 페르미 바다가 항상 안정화되는 것은 아니다. 전자와 전자의 상호작용이 무지막지하게 커지는 극단적인 상황에서는 페르미 바다도 무너진다. 예를 들어, 마치 물이 어는 것처럼 페르미 바다도 얼 수 있다. 전자도 얼 수 있는 것이다! 이러한 전자의 얼음은 '위그너 결정Wigner crystal'이라고 한다.

· ·• 시간과 무질서 •· ·

앞 절에서는 고체가 형성되는 메커니즘에 대해 설명했다. 하지만 자연에는 고체만 있지 않다. 잘 알려진 것처럼, 물질에는 고체, 액체, 기체, 이렇게 세 가지 상태가 있다. 물질이 이 세 가지 상태 사이를 오가는 것을 '상전이phase transition'라고 한다. 쉽게 말해, 얼음이 녹아서 물이 되거나, 물이 끓어서 수증기가 되는 과정이 바로 상전이다.

어떻게 하면 상전이가 발생할까? 한 가지 답은 온도를 조절하는 것이다. 언뜻 쉬워 보이는 이 답은, 깊이 생각하면 그 의미를 제대로 이해하기가 쉽지 않다. 온도라는 개념이 심오하기 때문이다.

온도를 물리적으로 정확하게 이해하려면, 무질서도를 이해해야 한다. 온도는 기본적으로 무질서도를 조절하는 변수이고, 엔트로피는 무질서도를 정량화하는 개념이다. 따라서 상전이가 어떻게 발생하는지를 이해하려면, 엔트로피를 이해해야 한다.

그런데 열역학 제2법칙에 따르면 엔트로피는 시간에 따라 증가한다. 다시 말해, 시간은 항상 무질서도가 증가하는 방향으로 흐른다. 시간과 무질서는 도대체 왜 이렇게 이상한 관계에 놓여 있을까?

6장

시간

: 흐름에 관하여

Time: On the Flow

기계식 시계 안에는 작은 우주가 들어 있다. 시간의 정확도로만 따지면, 지금은 쿼츠 시계나 원자 시계와 같이 기계식 시계보다 훨씬 더 정교한 시계들이 많이 나와 있다. 요즘에는 기계식 시계가 시간의 정확도보다는 그 안에 펼쳐지는 아름다운 메커니즘을 직접 눈으로 볼 수 있다는 점 때문에 팔린다. 하지만 기계식 시계의 메커니즘이 그토록 아름다워진 것은 궁극적으로 시간을 정확히 재기 위해 내부 장치들이 서서히, 그리고 치밀하게 진화한 결과다.

시간을 정확히 재는 것은 아주 중요하다. 얼마나 중요한지 예를 들어보자. 때는 대항해 시대가 막바지에 다다르고 제국주의 시대가 한창인 시기였다. 당시에는 영국을 포함한 많은 유럽 국가에서 대양을 안전하게 항해하기 위해 바다 위에서 배의 위치를 정확히 아는 방법을 필요로 했다. 특히, 1714년에 영국은 경도법Longitude Act 이라는 법을 제정해, 경도위원회Board of Longitude 가 정한 기준에 맞추어 경도를 정확히 재는 방법을 발명하는 사람에게 2만 파운드의 상금을 포함한 상, 즉 경도상Longitude Prize을 수여하기로 했다.

앞에서 살펴보았듯이, 지구 표면에서 임의의 위치는 위도와 경도를 알면 정확히 결정할 수 있다. 문제는 위도는 쉽게 알 수 있지만, 경도는 그렇지 않다는 점이다. 예를 들어, 위도는 낮이라면 정오에 태양의 위치를 이용해서, 밤이라면 북반구의 북극성, 남반구의 남십자성의 위치를 이용해서 결정할 수 있다. 다시 말해, 위도는 지구의 자전축이 고정되어 있다는 사실을 이용하면 쉽게 알 수 있다. 하지만 경도의 경우에는 본초자오선, 즉 북극과 그리니치 천문대를 연결하는 대원이라는 기준 자체가 임의적이기 때문에, 정확히 결정하는 것이 쉽지 않다.

그런데 재미있게도, 시간을 정확히 알면 경도를 알 수 있다. 아이디어는 단순하다. 지구가 등속도로 자전하며 매 시간 정확히 15도씩 회전한다는 성질을 이용하는 것이다. 조금 더 자세히 알아보자. 예를 들어, 우리가 탄 배에 그리니치 천문대의 시각과 정확하게 동기화된 시계가 하나 있다고 생각해 보자. 그리고 동기화된 시계가 말해주는 그리니치 천문대의 시각은 정오이고, 우리 배의 현지 시각은 오전 9시라고 하자. 참고로, 현지 시각은 현재 위치에서 태양이 중천에 도달하는 시각을 정오의 기준으로 삼아 결정할 수 있다. 이제 우리는 배가 현재 위치한 곳의 경도를 알 수 있다. 바로 서쪽으로 45도다. 따라서 문제는 정확한 시계를 만드는 것으로 귀결된다.

시계를 만드는 데는 주기적으로 진동하는 물체가 필요하다. 시계는 기본적으로 진동의 주기로 시간의 단위를 결정하기 때문이다. 그렇다면 우리가 손쉽게 얻을 수 있으면서도 비교적 정확하게 진동하는 물체는 무엇일까? 바로 진자pendulum다.

진자 시계의 작동 원리를 살펴보면, 진자 시계에는 먼저 태엽과 같이 시곗바늘을 회전시키는 에너지원이 있다. 만약 태엽이 풀리는 속도가 매우 일정하다면, 비율이 적절하게 조정된 톱니바퀴gear들을 태엽에 직접 연결해 시곗바늘을 돌리면 될 것이다. 하지만 일반적인 태엽은 우리가 원하는 만큼 일정하게 풀리지 않는다. 따라서 톱니바퀴의 회전 운동이 일정한 속도가 되도록 정밀하게 조절해야 한다. 그리고 바로 이때 진자가 중요해진다.

구체적으로, 태엽의 힘으로 회전하는 톱니바퀴는 탈진기escapement라는 장치를 통해 진자에 연결된다. 물리적으로 말하자면, 탈진기의 역할은 톱니바퀴의 회전 운동과 진자의 주기 운동을 결합하는 것이다. 쉽게 이해하기 위해, 그네를 생각해 보자. 이때 진자는 그네이고, 태엽은 그네를 미는 사람이며, 탈진기는 그네와 그네를 미는 사람 사이에 있는 연결 고리, 즉 그네를 미는 사람의 손이라고 볼 수 있다. 그네를 미는 사람이 그네를 손으로 미는 것과 비슷하게, 회전하는 톱니바퀴는 탈진기를 통해 진자에 충격량impulse을 가함으로써 진자를 밀 수 있다.

탈진기의 또 다른 중요한 역할은, 밀린 진자가 자리로 되돌아올 때까지 톱니바퀴가 회전하는 것을 막는 것이다. 이는 마치 그네를 미는 사람이 그네가 돌아올 때까지 가만히 멈추어 서 있는 것과 같다. 곰곰이 생각해 보면, 이는 그네를 미는 사람의 행동이 그네의 고유 진동수에 의해 조절되는 것이나 마찬가지다. 비슷하게, 톱니바퀴의 회

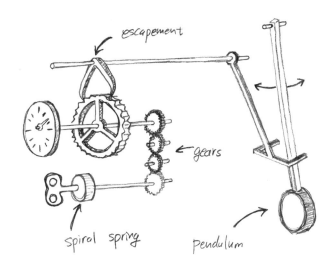

escapement

gears

spiral spring

pendulum

그림 13 진자 시계의 원리

전 속도는 진자의 고유 진동수에 의해 조절된다. 참고로, 시계에서 째 깍째깍 소리를 내는 부분이 바로 탈진기다. 결국, 그네와 그네를 미는 사람이 하나의 시스템으로 묶이듯이, 진자와 태엽은 탈진기를 통해 하나의 시스템으로 묶여, 톱니바퀴의 회전 운동을 일정하게 유지한 다. 결국 정밀한 진자 시계를 만들려면, 진자의 주기 운동이 일정해야 하는 것이다.

불행히도, 경도법이 제정된 시기에는 충분한 정밀도를 지닌 진자 시계를 만드는 것이 불가능했다. 각종 마찰에 더해, 바다의 파도가 진 자의 주기 운동을 완전히 헝클어 놓았다. 그럼에도 충분히 정밀한 시 계를 만들 수 있다고 생각한 사람이 있었는데, 바로 영국 요크서 출신의 존 해리슨John Harrison이었다. 경도상에 도전하기로 마음먹었을 때, 해리슨은 이미 나무와 황동으로 이루어진 부품들을 이용해 하루에 1초 정도의 오차를 가지는, 당시로는 매우 놀라운 정확도를 지닌 진자 시계를 만들 수 있었다.

바다에서 활용 가능한 정밀한 시계를 만들기 위해, 그는 1730년 당시 왕실 천문학자였던 에드먼드 핼리Edmond Halley를 찾아가 도움을 청했다. (핼리는 핼리 혜성Halley's comet의 주기를 발견한 바로 그 유명 천문학자다.) 해리슨은 핼리의 도움으로 당대 최고의 시계공이었던 조지 그레이엄George Graham을 만났고 이 도움과 각고의 노력으로 시계의 정확도가 점점 좋아지기는 했지만, 아직 경도위원회가 만족할 만한 수준은 아니었다.

경도위원회의 영향력 있는 천문학자들은 해리슨을 제대로 교육받지 못한 한갓 시계공으로 취급했고, 필요한 자금도 지원하지 않았다. 사실, 천문학자들이 선호하는 경도 결정 방법은 따로 있었다. 달과 특정한 천체 사이의 거리를 천구상에서 측정한 다음, 그 값을 복잡한 계산으로 만들어진 어떤 표에 대입해, 그리니치 천문대의 기준 시각을 추정하는 방법이었다. 달 거리 방법lunar distance method이라는 이 방법은 정밀한 항해용 시계marine chronometer가 상용화되기 시작한 19세기 이전에 흔히 사용되었다.

하지만 1761년, 해리슨은 40년에 걸친 온갖 어려움에도 불구하고 마침내 경도위원회가 요구하는 모든 조건을 만족하는 해상 시계인 H4를 완성한다. 전작 H1, H2, H3의 여러 문제점들을 개선한 H4는 회중 시계와 같이 작아졌으며, 무엇보다도 진자 대신 평형 바퀴balance wheel의 주기 운동을 이용했다. 하지만 이러한 성공에도 불구하고, 경도위원회는 해리슨에게 상금을 수여하는 것을 거부했다.

다행히, 당시 영국의 왕이었던 조지3세George Ⅲ가 해리슨을 만나 직접 시계의 정확도를 검증하겠다고 약속했다. 곧 왕실에서 실험이 진행되었는데, 해리슨이 주장한 정확도가 얻어졌다. 이후 제임스 쿡James Cook의 해상 실험에서도 비슷한 결과를 보이자, 조지 3세는 특별재정위원회를 열어 해리슨에게 상금을 지급하도록 했다. 비록 경도위원회에게 경도상을 받지는 못했을지라도, 해리슨은 진정한 의미에서 경도 문제를 해결한 사람으로 역사에 남았다. 시간을 정확하게 재기 위해 평생을 노력한 한 사람의 꿈이 이루어진 것이다.

경도 문제에서 시간은 경도를 말해준다. 다시 말해, 시간은 곧 위치다. 상대성이론을 차치하더라도, 시간과 공간은 이렇게 물리학에서 비슷한 방식으로 다루어진다. 그런데 만약 시간과 공간이 정말로 비슷한 것이라면, 공간에서 앞뒤로 움직이는 것처럼, 시간에서도 앞뒤로 움직일 수 있을까? 물론 그럴 수 없다. 시간은 한 방향으로만 흐르기 때문이다. 그런데 잠깐,

시간의 방향성은 도대체 어떻게 발생하는 것일까?

원자론

루트비히 볼츠만Ludwig Boltzmann만큼 비극적인 삶을 산 물리학자도 많지 않다. 볼츠만의 비극은 원자론atomism에 기인한다. 지금은 믿어 의심치 않는 진리가 되었지만, 볼츠만이 원자가 실제로 존재하며 모든 물질이 원자로 이루어져 있다고 주장했을 때만 하더라도, 주류 물리학자들은 원자론을 받아들이지 않았다. 볼츠만은 자신의 원자론이 주류 물리학계와 철학계에서 받아들여지지 않아 심각한 우울증을 앓았고, 결국 1906년 스스로 목을 매었다.

물론, 원자론을 볼츠만이 처음 주장한 것은 아니다. 원자론의 기원을 거슬러 올라가면 고대 그리스 철학자 레우키포스Leucippos와 그의 제자 데모크리토스Democritos를 만나게 된다. 간단히 말해서, 데모크리토스의 원자론은 다음과 같다.

* 세계는 빈 공간void과 그 안에 존재하는 원자로 구성되어 있다.
* 원자는 소멸되지 않으며, 아무것도 없는 상태에서 저절로 생기지 않는다.
* 모든 변화는 원자들이 모였다 흩어지는 것에 지나지 않는다.
* 모든 현상은 필연적으로 일어나며, 우연적인 것은 없다.

오늘날, 데모크리토스의 원자론은 너무나 익숙한 관점이다. 현대 물리학의 관점이라고 보아도 크게 손색이 없다. 하지만 볼츠만의 시대에는 원자가 물리적인 실체가 아닌 일종의 수학적 도구로 생각되었다. 원자를 맨눈으로 볼 수 없다는 점을 생각하면, 이는 자연스러운 결론처럼 보이기도 한다. 데모크리토스의 원자론은 그보다 훨씬 더 유명한 '수학적인' 원자론, 플라톤의 4원소설에 가려져 거의 잊히고 만다.

플라톤의 4원소설에 따르면, 원자 또는 원소^{element}에는 네 종류가 있으며, 이 네 원소는 정다면체^{regular polyhedron}라는 수학적으로 안정적인 구조에 해당한다. 구체적으로, 불, 흙, 공기, 물은 각각 정사면체, 정육면체, 정팔면체, 정이십면체에 해당한다. 사실, 정다면체에는 다섯 종류가 있다. 앞선 네 가지 말고도 정십이면체가 있는데, 플라톤은 정십이면체가 빈 공간에 해당한다고 생각했다. 데모크리토스의 원자론과 비슷하게, 플라톤의 4원소설에서도 모든 변화는 물, 불, 흙, 공기의 모임과 흩어짐에 지나지 않는다.

플라톤의 4원소설은 곰곰이 생각해 보면 놀라울 정도로 현대적이다. 앞에서도 보았듯이, 양자역학에 따르면 원자는 파동 함수가 안정적인 정상파를 만드는 조건으로부터 형성된다. 하지만 고대 이후, 플라톤의 4원소설은 실체에 대한 설명보다는 일종의 비유로 받아들여졌다.

19세기에 이르러, 대다수 물리학자들은 물질이 원자와 같이 불연속적인 입자가 아닌 연속적인 매질로 이루어져 있다고 생각하게 되었다. 확실한 증거가 있지 않은 이상, 원자의 존재를 받아들이기 어렵다는 것이었다. 주류 물리학자들은 원자가 그저 편리한 수학적 장치에 불과하다고 믿었다.

대조적으로, 로버트 보일Robert Boyle과 존 돌턴John Dalton의 업적으로 인해, 대다수 화학자들은 이미 원자를 실체로 받아들인 상태였다. 하지만 물리학자들은 보다 직접적인 증거를 원했다. 불행히도, 이러한 증거는 볼츠만이 우울증에 시달리다가 자살로 생을 마감하고 나서야 얻어진다.

운명의 장난인지, 물리학계에 원자론을 안착시키는 데 결정적인 역할을 한 논문은 볼츠만이 자살하기 1년 전인 1905년에 완성되었다. 1905년은 물리학에서 매우 특별한 해인데, 아인슈타인을 세계적인 학자의 반열에 올려놓은 특수 상대성이론이 출간된 해이며, 그에 못지않은 다른 두 가지 업적이 출간된 해이기 때문이다. 그 때문에 1905년은 '기적의 해Annus Mirabilis'로 불린다.

첫 번째 업적은 광전 효과를 양자화된 빛의 알갱이, 즉 광자로 설명한 것이다. 자세하게 설명하지는 않겠지만, 아인슈타인의 광전 효과에 관한 이론은 1900년에 제안된 막스 플랑크Max Planck의 흑체 복사blackbody radiation 이론과 함께 양자역학의 초석을 다진 것으로 여겨진다. (재미있게도, 아인슈타인과 플랑크는 양자역학의 확률론적 해석에 반기를 들며 양자역학을 끝까지 받아들이지 않았다.)

두 번째 업적은 브라운 운동Brownian motion을 입자의 동역학으로 설명한 것인데, 원자론을 물리학계에 안착시키는 데 이것이 결정적인 역할을 했다. 브라운 운동이란 영국의 식물학자 로버트 브라운Robert Brown이 1827년에 발견한 것으로, 물에 떠 있는 꽃가루의 작은 조각들이 수면 위에서 끊임없이 돌아다니는 현상이다. 당시에는 브라운을 비롯한 많은 학자들이 꽃가루가 지닌 특별한 생명력 때문에 브라운 현상이 발생한다고 믿었다. 하지만 아인슈타인과 다른 학자들은 물 분자가 불규칙적인 열 운동을 하는데, 이러한 물 분자가 꽃가루 조각과 충돌하기 때문에 브라운 운동이 발생한다고 추측했다. 아인슈타인의 업적은 이러한 주장을 정량적이고 체계적인 이론으로 만든 것이다. 그리고 이 이론은 원자론을 입증했을 뿐만 아니라, 통계역학의 새로운 장을 열었다.

뉴턴의 운동 방정식이 기술하는 고전역학에 따르면, 입자의 초기 위치와 속도가 주어지면 입자의 궤적은 완벽하게 결정된다. 그러나 우주에는 우리가 제어할 수 없는 무질서가 항상 존재한다. 무질서는 완벽한 궤적을 방해하고 불규칙한 요동을 일으킨다. 언뜻 생각하기에, 불규칙적인 요동은 어떠한 예측도 불가능하게 만들 듯하다. 그런데 아인슈타인의 브라운 운동에 관한 이론은 불규칙한 요동도 정량적이고 체계적으로 이해할 수 있음을 보인다.

아인슈타인은 어떤 주어진 입자가 그 주변에서 불규칙적으로 요동치는 분자들과 충돌하면서 어떻게 움직여 나아갈까 생각해 보았다. 물론, 입자의 운동은 분자들과 충돌할 때마다 서로 다른 궤적을 그릴 것이다. 이런 경우, 개별 입자의 특정한 궤적보다는 여러 개의 비슷한 입자들의 위치가 통계적으로 어떤 확률 분포probability distribution를 따르는지를 살펴보는 것이 더 유용하다.

구체적으로, 입자가 시간 t에 위치 x에 있을 확률 분포를 $\rho(x, t)$

라고 해보자. 그리고 편의상 입자가 1차원에서 움직인다고 해보자. 아인슈타인은 몇 가지 가정을 통해 $\rho(x, t)$가 이른바 '확산 방정식diffusion equation'을 만족해야 한다는 것을 보였다.

$$\frac{\partial \rho}{\partial t} = D \frac{\partial^2 \rho}{\partial x^2}$$

이 확산 방정식의 해는 깔끔한 형태로 얻어진다.

$$\rho(x, t) = \frac{1}{\sqrt{4\pi Dt}} e^{-\frac{x^2}{4Dt}}$$

여기서 D는 확산 계수diffusivity다. 뒤에서 보겠지만, 확산 계수는 입자가 불규칙한 요동에 의해 입자가 얼마나 멀리 잘 퍼져 나아가는지를 결정하는 양이다.

확산 방정식의 해는 가우시안Gaussian이라는, 계산에 매우 편리한 함수의 형태로 주어지는데, 이를 이용하면 입자가 시간의 함수로 원점에서 평균적으로 얼마나 멀리 퍼져 나아가는지를 계산할 수 있다. 구체적으로, 이른바 '분산variance'이라고 불리는 x^2의 평균값은 다음과 같이 주어진다.

$$\overline{x^2} = 2Dt$$

다시 말해, x^2의 평균값에 제곱근을 씌운 값을 원점으로부터의 평균 거리라고 할 때, 평균적으로 입자는 시간의 제곱근에 비례하는 정도로 원점에서 멀어진다. 특히, 아인슈타인은 확산 계수가 온도 T와 다음과 같은 관계식으로 연결된다는 것을 보였다.

$$D = \mu k_B T$$

여기서 μ는 이동도^{mobility}이고, k_B는 볼츠만 상수$^{\text{Boltzmann constant}}$다. 참고로, 이 관계식은 '아인슈타인 관계식$^{\text{Einstein relation}}$'이라고 불린다.

구체적으로, 아인슈타인 관계식은 통계역학에서 요동-손실 관계식$^{\text{fluctuation-dissipation relation}}$이라는 일반적인 관계식의 특별한 경우에 해당한다. 아인슈타인 관계식에 따르면, 입자가 불규칙적인 요동을 통해 퍼져 나아가는 정도는 온도에 의존한다. 구체적으로 말해서, 확산 계수는 온도에 비례한다. 참고로, 이와 같이 온도에 의해 조절되는 요동을 '열적 요동$^{\text{thermal fluctuation}}$'이라고 한다.

아인슈타인 관계식은 1909년에 프랑스의 물리학자인 장 페랭^{Jean} $^{\text{Baptiste Perrin}}$에 의해 실험적으로 증명되었다. 볼츠만이 자살한 지 불과 3년이 지난 시점이었다. 페랭은 아인슈타인의 브라운 운동에 관한 이론을 실험적으로 증명한 공로로 1926년 노벨 물리학상을 수상했다. 그 후, 원자론은 물리학계에서 매우 빠르게 받아들여졌다.

·· 엔트로피 ··

사실, 볼츠만의 가장 독창적인 업적은 원자론이 아니라 엔트로피를 미시적으로 정의한 것이다. 볼츠만은 엔트로피를 새롭게 정의함으로써, 열역학을 뛰어넘어 통계역학의 세계를 열었다.

간단히 말하자면, 열역학이란 많은 입자들로 구성된 시스템의 거시적인 행동macroscopic behavior을 몇 개의 열역학적 변수thermodynamic variable로 기술하는 물리 분야다. 열역학적 변수의 예로는, 압력, 부피, 입자의 개수, 온도 등이 있다.

열역학이 무엇인지 감을 얻기 위해, 이상 기체 방정식ideal gas equation을 살펴보자. 이상 기체 방정식은 이상적인 기체 상태에서 열역학적 변수들이 만족하는 방정식이다.

$$PV = Nk_BT$$

여기서 P, V, N, T는 각각 압력, 부피, 입자의 수, 온도다. 다시 한번, k_B는 볼츠만 상수다. 똑같은 내용의 다른 식일 뿐이지만, 이상 기체 방정식은 다음과 같이 고등학교 화학 시간에 배우는 형태로 자주 쓰인다.

$$PV = nRT$$

여기서 n은 몰mole 수, 즉 입자의 개수를 아보가드로 수Avogadro's

number N_A로 나눈 값이다. 이상 기체 상수$^{ideal\ gas\ constant}$ R은 아보가드로 수와 볼츠만 상수를 곱한 값이다. 참고로, 아보가드로 수는 페랭에 의해 처음 제안된 물리량으로서 처음에는 수소 1그램에 들어 있는 수소 원자의 수로 정의되었다. 현재 아보가드로 수는 2018년 국제도량형총회$^{General\ Conference\ on\ Weights\ and\ Measures}$에서 다음과 같은 정확한 값으로 고정되어 있다.

$$N_A = 6.02214076 \times 10^{23}$$

이상 기체 방정식에 따르면, 이상적인 기체는 이를 구성하는 실제 입자가 무엇인지 상관없이, 즉 입자의 미시적인 성질에 상관없이 항상 만족되어야 하는 방정식이다. 물론, 이는 근사적인 방정식이기도 한데, 이상적인 기체라는 것이 처음부터 입자들의 상호작용이 완전히 무시되는 상황을 가정하기 때문이다. 그러나 입자들의 상호작용을 적절히 고려하면, 조금 복잡하지만 꽤나 잘 맞는 방정식을 구성할 수 있다. 이 방정식은 반데르발스 방정식$^{Van\ der\ Waals\ equation}$으로, 요하네스 반데르발스$^{Johannes\ van\ der\ Waals}$는 이를 발견한 공로로 1910년 노벨 물리학상을 수상했다.

다시 본론으로 돌아가, 통계역학은 열역학을 미시적인 관점에서 이해한다. 예를 들어, 통계역학의 목표는 이상 기체 방정식을 입자의 미시적인 동역학을 사용해 엄밀하게 유도하는 것이다. 여기서 입자의 미시적인 동역학이란 아인슈타인의 브라운 운동에 관한 이론에서

처럼 열적 요동의 영향을 받는 동역학을 의미한다.

이제 열역학에서 통계역학으로 이동하려면, 무엇보다 먼저 열역학적 변수를 미시적인 변수로 바꾸어야 한다. 입자의 수, 부피, 압력 등은 미시적으로 이해하기가 비교적 쉽다. 그런데 온도는 미시적으로 이해하기가 쉽지 않다. 근본적으로 엔트로피를 미시적으로 이해하는 것이 쉽지 않기 때문이다. 미시적으로 엔트로피란 무엇일까?

먼저 3장에서 설명한 바에 따르면, 엔트로피는 열을 온도로 나눈 것이다.

$$S = \frac{Q}{T}$$

여기서 Q는 열을 의미한다. 문제는 온도와 마찬가지로 열도 미시적으로 이해하기가 쉽지 않다는 점이다. 원사론을 굳게 믿었던 볼츠만은 엔트로피를 입자들의 미시적인 성질로 이해하고자 했다. 결론부터 말하자면, 볼츠만은 엔트로피가 미시적으로 다음과 같이 정의되는 물리량이라고 생각했다.

$$S = k_B \ln \Omega$$

여기서 $\ln$은 자연로그^{natural logarithm}이고, Ω는 어떤 주어진 조건, 예를 들어 주어진 에너지 값에서 발생 가능한 모든 미시 상태^{microstate}의 개수를 나타낸다.

로그 함수란?

로그 함수는 지수 함수의 역함수inverse function다. 구체적으로, 지수 함수는 아래와 같이 쓰인다.

$$y = e^x$$

당연한 말 같지만, 지수 함수는 x가 주어지면 $y=e^x$이 나오는 함수다. 이제 다음과 같이 질문해 보자. $y=e^x$이 주어지면 그 값에 해당하는 x가 나오는 함수는 무엇일까? 그것은 다름 아닌 로그 함수다. 조금 다르게 말하면, 지수 함수의 정의에서 x와 y를 바꾸면 로그 함수가 얻어진다.

$$x = e^y$$

이제 ln이라는 기호를 이 수식의 양변에 적용해 보자.

$$\ln x = \ln e^y$$

여기서 ln의 역할은 지수에 있는 변수를 밑으로 내리는 것이다.

$$\ln e^y = y$$

따라서 우리는 다음과 같은 결론을 얻는다.

$$y = \ln x$$

마지막으로, 이 정의를 잘 이용하면 로그 함수의 가장 중요한 성질을 유도할 수 있다.

$$\ln x_1 x_2 = \ln x_1 + \ln x_2$$

다시 말해, 두 수의 곱의 로그 함수는 각각의 로그 함수의 합과 같다. 이러한 성질 덕분에, 로그 함수는 지수 함수적으로 급격히 발산하는 양을 다항식과 같이 천천히 발산하는 양으로 바꿀 때 아주 유용하게 쓰인다.

엔트로피를 정의하는 데 로그 함수가 왜 필요할까? 엔트로피는 미시 상태의 수와 관련 있다. 하지만 엔트로피가 미시 상태의 수에 직접 비례할 수는 없다. 미시 상태의 수는 시스템의 크기, 예를 들어 시스템을 구성하는 입자의 수가 증가함에 따라 기하급수적으로, 즉 지수 함수적으로 증가하기 때문이다. 반면, 엔트로피는 시스템의 크기에 비례하는 물리량이어야 한다. 그렇다면 시스템의 크기에 지수 함수적으로 의존하는 어떤 양을 시스템의 크기에 비례하도록 만들려면 어떻게 해야 할까? 답은 로그 함수를 취하는 것이다.

이쯤에서 미시 상태와 거시 상태macrostate를 구분해야 한다. 미시 상태란, 전체 에너지와 같은 거시적인 물리량이 고정된 상황에서 개별 입자들이 취할 수 있는 각각의 모든 상태를 의미한다. 그리고 거시 상태는 이러한 미시 상태들의 집합이다. 이제 볼츠만의 엔트로피를 수식이 아닌 일반용어로 표현할 준비가 모두 갖추어졌다. 즉,

> 엔트로피는 어떤 거시 상태에 대응하는 발생 가능한
> 모든 미시 상태의 수에 자연로그를 취한 물리량이다.

잠깐, 그런데 볼츠만의 엔트로피는 열역학의 엔트로피와 정확히 같은 것일까? 예상했겠지만, 그렇다.

자, 그렇다면 이제 우리는 볼츠만의 엔트로피를 통해 앞선 질문에 답할 수 있다. 시간의 방향성은 열역학 제2법칙에 기인한다. 열역학 제2법칙에 따르면, 엔트로피는 시간에 따라 증가한다. 그리고 엔트로피가 시간에 따라 증가하는 이유는, 특별한 제한이 없는 한, 모든 미시 상태가 동일한 확률로 나타나기 때문이다.

직관을 얻기 위해서, 브라운 운동에 의한 확산을 다시 떠올려 보자. 초기에 원점에서 출발한 입자는 불규칙하게 요동치는 분자들과 충돌하며 서서히 퍼진다. 이런 입자가 여러 개라면, 특별한 제한이 있

지 않는 한, 입자들은 결국 전 공간에 균일하게 퍼질 것이다. 다시 말해, 어떤 입자가 특정한 곳에 위치할 확률이 다른 곳에 위치할 확률과 동일해진다. 어떤 입자가 특정 위치에 있는 상황을 하나의 미시 상태라고 한다면, 모든 미시 상태가 동일한 확률로 나타나는 것이다. 열적 요동은 미시 상태를 차별하지 않는다.

예를 들어, 처음에 어떤 제약 조건으로 인해 미시 상태들 가운데 일부만 발생할 수 있다고 해보자. 그런데 이러한 제약 조건이 사라지고 나면, 시간이 지날수록 점점 더 많은 미시 상태들이 발생할 수 있게 된다. 구체적으로, 앞선 브라운 운동으로 인한 확산의 예에서 입자들을 초기에 작은 상자 안에 가둔다고 해보자. 이때 상자의 문을 여는 순간, 입자들은 상자 밖으로 나와 모든 공간으로 서서히 퍼진다. 엔트로피가 시간에 따라 증가하는 것이다. 참고로, 엔트로피가 계속 증가해 그 값이 최대가 된 상태를 '열평형thermal equilibrium'이라고 한다.

엔트로피는 무질서도를 재는 양이고,
엔트로피가 증가한다는 말은
점점 더 무질서한 상태로 나아간다는 의미다.

이는 어찌 보면 매우 허무한 결론이다. 모든 미시 상태가 동일한 확률로 무작위적으로 발생한다면 우리가 결국 아무런 정보도 가지지 못할 것으로 보이기 때문이다. 그런데 그렇지 않다.

· ·ᆞ· 정보 ·ᆞ· ·

정보는 무질서와 밀접하다. 잠깐, 무질서가 아니라 질서와 관련 있어야 하지 않을까? 아니, 재미있게도 정보는 무질서와 깊은 관계가 있다. 이를 깨닫고 정보를 다루는 체계적인 수학 이론을 발전시킨 수학자가 있었는데, 바로 클로드 섀넌Claude Shannon이다. 정보 이론information theory의 창시자로 알려진 섀넌은 1948년에 미국 벨 연구소Bell Labs에서 「통신에 관한 수학 이론A Mathematical Theory of Communication」이라는 기념비적인 논문을 출간했다.

당시 섀넌은 통신에 수반되는 정보의 양을 정확하게 정의하고자 했다. 구체적으로, 전화선을 이용해 어떤 정보를 전달한다고 할 때, 정보의 양은 무엇일까? 더 나아가, 전화선과 같은 특정 통신수단에 의존하지 않는 보편적인 정보의 양은 어떻게 정의해야 할까?

사실, 상당히 철학적으로 들리는 섀넌의 이 질문은 실질적인 응용 가능성을 염두에 두고 있었던 것이다. 먼저, 통신 요금은 전달되는 정보의 양에 비례해 부과하는 것이 타당할 것이다. 따라서 적절한 요금 부과를 위해서라도 정보의 양을 정확하게 정의해야 한다.

섀넌의 질문은 통신의 질적인 면에서도 아주 중요하다. 만약 전달하고자 하는 정보의 양이 통신수단, 예를 들어 전화선이 허용하는 용량보다 크면 통신이 제대로 이루어지지 않을 것이다. 반대로, 만약 정보를 압축한다면 적은 용량의 전화선만 가지고도 동일한 내용의 정보를 전달할 수 있을 것이다. 이렇듯, 섀넌의 질문은 정보의 압축 기술에 관해서도 핵심적인 물음이다.

자, 이제 그럼 본론으로 돌아가, 정보의 양은 무엇일까? 다음과 같이 질문을 바꾸어 문제를 더 구체화해 보자. 어떤 사람이 문장을 전송한다고 하자. 문장은 문자의 나열이다. 편의상, 영어 문장을 생각하면, 문장은 'A', 'B', 'C', 'D'와 같은 알파벳을 순서대로 전송하는 것으로 구성할 수 있다.

이제 앨리스와 밥이라는 두 사람이 있다고 하자. 앨리스는 보통의 영어 문장으로 이루어진 편지를 전송하고자 한다. 반면, 밥은 재미로 알파벳을 무작위로 발생시켜 그 결과를 전송하고자 한다. 앨리스와 밥, 둘 중에서 누구의 메시지가 더 많은 정보를 가지고 있을까? 직관적으로는 당연히 앨리스의 편지가 더 많은 정보를 가지고 있을 듯하다. 하지만 정보를 전송하는 입장에서 보면, 밥의 메시지가 더 많은 정보를 가지고 있다.

왜 그럴까? 앨리스의 편지를 구성하는 보통의 영어 문장에는 불필요한 중복^{redundancy}이 포함되어 있기 때문이다. 구체적으로, 보통의 영어 문장에서는 알파벳 'Q' 다음에 거의 반드시 'U'가 나온다. 또한 'T'와 'H'가 연달아 나오는 경우, 즉 'TH'가 나오는 경우에는 그 다음에 'E'가 나올 확률이 매우 크다. 또 다른 예를 들자면, 우리는 다음과 같은 불완전한 문장도 그 의미를 이해할 수 있다.

If u cn rd ths, u'd knw.
(If you can read this, you would know.)

섀년의 분석에 따르면, 보통의 영어 문장은 75%의 불필요한 중복을 가진다. 달리 말하면, 앨리스의 문장은 내용의 손실 없이 적절하게 잘 압축될 수 있다. 반면, 무작위로 만들어지는 밥의 문장에서는 각각의 알파벳이 나타날 확률이 모두 동일하며, 아무 중복도 없다. 우리는 밥의 문장에서 한 글자를 읽고 그다음에 어떤 알파벳이 나올지 전혀 예측할 수 없다. 즉, 우리는 밥의 문장을 결코 압축할 수 없고, 밥의 문장은 통째로 전송되어야 한다. 이런 의미에서, 밥의 문장은 앨리스의 문장보다 더 많은 정보를 가진다. 결론적으로,

정보의 양은 무질서도다.

그런데 무질서도는 엔트로피다. 따라서 정보의 양은 곧 엔트로피다. 이를 '정보 엔트로피information entropy'라고 한다. 처음 들으면, 정보의 양이 무질서도라는 것은 직관에 반하는 듯하다. 이를 어떻게 이해할 수 있을까?

차분히 생각해 보자. 정보는 놀라움의 정도다. 예를 들어, 내일 동쪽 하늘에서 해가 뜬다는 예측은 거의 아무런 정보를 포함하지 않는다. 그럴 확률이 아주 높기 때문이다. 반면, 다음 주 복권 당첨 번호가 무엇인지에 대한 예측은 엄청난 정보를 지닌다. 당첨 확률이 아주 낮기 때문이다.

한편, 무질서에는 질서가 없기에 이를 예측하기도 어렵다. 즉, 놀라움의 정도가 크다. 따라서 무질서도가 증가할수록 놀라운 일들도

더 많이 일어난다. 결론적으로, 무질서도는 놀라움의 정도이고, 곧 정보의 양과 같다.

그렇다면 정보 엔트로피는 구체적으로 어떻게 기술될까? 이 질문에 대한 실마리는 볼츠만의 엔트로피에 있다. 구체적으로, 여러 가능한 사건들 가운데 한 사건, 예를 들어 n번째 사건이 일어날 확률이 P_n이라고 하자. 이런 상황에서 정보 엔트로피는 다음과 같이 주어진다.

$$s = \sum_n P_n \ln\left(\frac{1}{P_n}\right)$$

여기서 정보 엔트로피 s가 확률의 역수를 변수로 가지는 로그 함수로 쓰이는 것이 바로 볼츠만의 엔트로피 덕분이다. 왜 그럴까?

만약 모든 사건이 동일한 확률로 발생한다면, 사건의 확률은 단순히 발생 가능한 사건의 총 개수의 역수로 주어질 것이다.

$$P_n = \frac{1}{\Omega}$$

Ω는 발생 가능한 사건의 총 개수이고, 이는 통계물리에서 발생 가능한 모든 미시 상태의 수와 비슷하다. 이제 정보 엔트로피 공식에서, 모든 사건에 대한 합은 로그 앞에 붙는 확률에 의해 상쇄된다.

$$s = \sum_{n=1}^{\Omega} P_n \ln \Omega = \ln \Omega$$

결국, 정보 엔트로피는 맨 앞에 붙는 볼츠만 상수를 제외하고는 볼츠만의 엔트로피와 완전히 똑같다. 사실, 정보 엔트로피에 볼츠만 상수를 붙인 형태의 엔트로피 공식은 섀넌에 앞서 깁스$^{Josiah\ Willard\ Gibbs}$라는 통계물리학자에 의해 제안된 바 있다.

$$S = -k_B \sum_n P_n \ln P_n$$

이는 로그 함수의 성질을 사용해, 확률의 역수를 뒤집는 대신 맨 앞에 음의 부호를 붙인 것이다.

정리해 보자. 우주는 시간에 따라 엔트로피가 증가하는 방향으로 나아간다. 엔트로피가 증가한다는 것은 무질서도가 증가한다는 것이다. 그리고 무질서도가 증가한다는 것은 정보의 양이 증가한다는 것이다. 따라서,

시간에 따라 우주에는 정보의 양이 점점 많아진다.

곰곰이 생각해 보면, 이는 라플라스가 생각한 것과 다르게 우주의 운명이 인과관계에 의해 완벽하게 결정되지 않았다는 것을 의미한다. 무질서도가 증가하면, 우주의 운명이 예측한 대로 진행되지 않기 때문이다. 그리고 우주에서 벌어지는 온갖 놀라운 변칙들을 알려면 더 많은 정보가 필요하다. 자, 그렇다면 엔트로피가 최대화된 우주는 어떤 모습일까?

·ᐧᐧᐧ 바른틀 앙상블 ·ᐧᐧ

엔트로피는 시간에 따라 증가한다. 만약 엔트로피가 아무런 제한도 없이 증가해 결국 최대화된다면, 미시 상태는 에너지와 상관없이 모두 동일한 확률로 발생할 것이다. 그러나 아무 제한도 없을 수는 없다. 전체 에너지가 보존되기 때문이다.

구체적으로, 엔트로피가 증가하면 높은 에너지 상태는 에너지를 잃고 낮은 에너지 상태로 변한다. 예를 들어, 뜨거운 물은 서서히 식으면서 차가운 물이 된다. 뜨거운 물의 에너지가 공기 중으로 퍼져나간 것이다. 그러나 이 상황에서 물과 공기를 포함한 전체 시스템의 에너지는 에너지 보존 법칙에 의해 고정된다.

즉, 엔트로피는 무조건 증가하는 것이 아니라, 전체 에너지가 바뀌지 않는 조건 안에서 증가한다. 그렇다면 전체 에너지가 일정하게 유지되는 조건과 엔트로피가 최대화되는 조건을 한 번에 만족시킬 수 있는 방법은 무엇일까?

수학적으로, 어떤 조건하에서 함수를 최적화^{optimization}하는 방법을 '라그랑주 승수법^{Lagrange multiplier method}'이라고 한다. 구체적으로, 우리가 어떤 조건 $g(x)=0$이 만족되는 상황에서 주어진 함수 $f(x)$를 최적화하는 x를 찾고자 한다고 해보자. 이때 라그랑주 승수법은 다음과 같은 새로운 함수를 최적화하면 된다고 말한다.

$$F(x,\lambda) = f(x) + \lambda g(x)$$

238 · 239

여기서 λ가 라그랑주 승수다. 구체적으로, $F(x, \lambda)$를 최적화하는 x와 λ를 찾는 조건은 다음과 같다.

$$\frac{\partial}{\partial x} F(x, \lambda) = \frac{\partial}{\partial \lambda} F(x, \lambda) = 0$$

라그랑주 승수법을 사용해, 전체 에너지가 보존되는 상황에서 엔트로피가 최대화되는 조건을 쓰면 다음과 같다.

$$F = s - \alpha \left(\sum_n P_n - 1 \right) - \beta \left(\sum_n P_n \epsilon_n - E \right)$$

여기서 우리는 P_n이라는 여러 개의 확률 변수, 즉 확률 분포와 α와 β라는 2개의 라그랑주 승수를 조정해서 F를 최적화하고자 한다.

우선, α에 의해 조절되는 첫 번째 조건은 확률의 합이 1이라는 조건이다. 반면, β에 의해 조절되는 두 번째 조건은 다름 아닌 에너지 보존 법칙이다. 즉, P_n과 ϵ_n이 각각 n번째 미시 상태가 발생할 확률과 그것의 에너지라고 할 때, $\Sigma_n P_n \epsilon_n$은 시스템이 가지는 전체 에너지 E와 같다.

이제 P_n, 즉 n번째 미시 상태가 발생하는 확률에 대해 F가 최적화되는 조건은 다음과 같다.

$$\frac{\partial F}{\partial P_n} = -\ln P_n - 1 - \alpha - \beta \epsilon_n = 0$$

결론적으로, F를 최적화하는 확률 분포는 다음과 같이 주어진다.

$$P_n = e^{-1-\alpha}e^{-\beta\epsilon_n}$$

이 공식에서 α는 공식을 다소 복잡하게 만드는 것처럼 보인다. 그런데 사실, 라그랑주 승수 α는 확률의 합이 1이 된다는 조건을 부여하기 위해 도입된 변수에 불과하다. 따라서 이 공식은 다음과 같이 다시 쓸 수 있다.

$$P_n = \frac{1}{Z}e^{-\beta\epsilon_n}$$

여기서 분배 함수^{partition function} Z는 다음과 같이 정의된다.

$$Z = \sum_n e^{-\beta\epsilon_n}$$

다시 말해, 이제 확률의 합은 자명하게 1이다.

$$\sum_n P_n = \frac{1}{Z}\sum_n e^{-\beta\epsilon_n} = 1$$

처음에는 특별할 것 없어 보이지만 분배 함수는 통계역학에서 매우 중요한 함수다. 분배 함수의 활약은 나중에 보기로 하고, 이제 β가 무엇인지 보자. 결론부터 말하자면, β는 온도의 역수다.

$$\beta = \frac{1}{k_B T}$$

여기서 k_B는 볼츠만 상수이고, T는 온도다. 불행히도, 이 단계에서 β가 왜 온도의 역수로 주어지는지를 자세히 설명할 수 없다. 다만, 이 결론은 실험 결과와의 비교를 통해 얻어진 것이다. 그런데 곰곰이 생각해 보면, β가 온도의 역수라는 점은 온도의 물리적인 의미를 드러낸다. 에너지가 고정된 상태에서 엔트로피를 최대화하는 것이 다음과 같은 양을 최소화하는 것과 같기 때문이다.

$$A = E - TS$$

여기서 A는 일종의 에너지로서, 전문적으로 '헬름홀츠 자유에너지$^{\text{Helmholtz free energy}}$'라고 한다. 자, 이제 온도의 물리적인 의미가 드러난다. 온도는 에너지 E와 엔트로피 S사이의 균형을 조절하는 변수다. 게다가 라그랑주 승수 β가 에너지 보존 법칙을 만족시키기 위한 변수임을 기억하면, 전체 에너지와 온도는 다음과 같은 관계식으로 서로 연결된다.

$$E = \frac{1}{Z} \sum_n \epsilon_n e^{-\epsilon_n / k_B T}$$

여기서 전체 에너지를 온도의 함수로 표현하거나, 온도를 전체 에너지의 함수로 구체적으로 표현하는 것은 쉽지 않다. 하지만 지수 함수의 성질로부터, 온도를 올리면 전체 에너지가 증가하고 온도를 내리면 전체 에너지가 감소한다는 점은 쉽게 알 수 있다.

정리해 보자. 전체 에너지가 고정된 상태에서 엔트로피가 최대화되면, 서로 다른 에너지를 가지는 미시 상태들은 다음과 같은 확률 분포로 발생한다.

$$P_n = \frac{1}{Z} e^{-\epsilon_n / k_B T}$$

여기서 $e^{-\epsilon_n / k_B T}$는 볼츠만 인자Boltzmann factor이고, 이렇게 볼츠만 인자로 주어지는 확률 분포를 '볼츠만 분포Boltzmann distribution'라고 부른다. (참고로, 볼츠만 분포에 따르면, 같은 에너지를 가지는 미시 상태들은 동일한 확률로 발생한다.)

앞에서 보인 바에 따르면, 일반적으로 모든 시스템의 미시 상태들은 볼츠만 분포의 확률에 따라 발생한다. 이 점을 강조하기 위해 볼츠만 분포를 아예 '바른 분포'라는 의미를 담아 '바른틀 앙상블canonical ensemble'이라고 부른다.

잠깐, 이쯤에서 멈추어 무슨 일이 일어났는지 생각해 보자. 미시 상태가 발생할 확률은 그것이 가졌던 초기 조건과 상관없이 오직 그것의 에너지에 의해서만 결정된다. (참고로, 온도도 전체 에너지와 관련 있다.) 무언가 이상하지 않은가?

우리가 고전역학 및 양자역학에서 배운 바에 따르면, 주어진 시스템의 동역학은 초기 조건이 주어지면 인과관계에 의해 완벽하게 결정된다. 그리고 서로 다른 초기 조건은 서로 다른 고전역학적인 궤도 또는 양자역학적인 상태를 야기한다. 그런데 열역학 제2법칙에 따르면, 시스템은 엔트로피가 최대화되어 결국 가장 무질서한 상태에 다다른다. 특히, 에너지가 고정된 상황에서 엔트로피가 최대화되면 미시 상태들이 발생할 확률은 바른틀 앙상블에 의해 결정된다. 그리고 바른틀 앙상블에 따르면, 에너지 보존 법칙에 의해 고정되는 에너지를 제외하고 미시 상태들이 가졌던 초기 조건에 대한 모든 정보는 완전히 유실된다. 어떻게 이럴 수 있을까?

· ·· 카오스와 양자역학 ·· ·

볼츠만과 그를 계승한 통계물리학자들은 바른틀 앙상블을 뉴턴의 운동 방정식으로부터 유도하고자 했다. 그리고 이 노력은 자연스럽게 에르고딕 가설ergodic hypothesis로 이어졌다.

에르고딕 가설이란, 에너지 보존 법칙이 허용하는 한 어떠한 초기 조건이 주어지든, 충분한 시간이 지나면 임의의 입자의 궤적이 발생 가능한 상태들을 빠짐없이 모두 훑고 지나간다는 가설이다. 에르고딕 가설이 맞다면 바른틀 앙상블이 얻어지는 것이다.

언뜻 보기에는, 에르고딕 가설은 뉴턴의 운동 방정식과 양립할 수 없는 듯하다. 에르고딕 가설을 반박하는 가장 쉬운 예로, 지구가 태양 주위를 공전하는 고전역학적 문제를 떠올릴 수 있다. 이 문제는 정확히 풀리며, 그것의 해는 완벽한 주기 운동을 보인다. 이 경우, 지구는 에너지가 허용하는 범위 안에서 태양 주변의 모든 공간을 무작위로 헤집고 다니지 않는다. 정해진 궤도를 정확한 주기로 운동할 뿐이다. 고전역학 수업에서 배우는, 깔끔하게 풀리는 문제들은 보통 이와 비슷하게 완벽한 주기 운동을 보인다. 에르고딕 가설이 적용되지 않는 것이다.

에르고딕 가설이 적용되는 예를 찾으려면, 깔끔하게 풀리지 않는 문제를 찾아야 한다. 그런데 그러한 예는 놀랍게도 시야를 약간만 넓히면 아주 쉽게 찾을 수 있다. 바로 3체 문제three-body problem다.

당연한 말 같지만, 태양계는 지구와 태양만으로 이루어진 것이 아니다. 태양계는 수성, 금성, 화성과 같은 행성들, 그리고 달과 같은 위성들을 포함한 여러 천체들이 서로 영향을 주고받는 시스템이다. 태양계는 이른바 '다체 문제many-body problem'의 대상이다.

다행히 다양한 천체들은 서로 멀리 떨어져 있고, 모두 태양에 비해 질량이 상대적으로 매우 작아서, 개별 천체의 동역학은 대부분 태양과 그 천체 사이의 2체 문제two-body problem로 근사시켜 이해할 수 있다. 또한 비슷하게 위성의 동역학은 위성이 속한 천체와 개별 위성 사이의 2체 문제로 근사시킬 수 있다.

태양계 문제를 이렇게 몇 단계의 2체 문제로 근사시킬 수 있다는 점은 인류에게 큰 행운인데, 만약 태양과 천체들의 질량이 서로 비슷했다면 우리는 뉴턴의 만유인력을 발견하지 못했을지도 모르기 때문이다. 이 경우, 뉴턴의 운동 방정식이 주어지더라도 이를 풀기가 매우 어려워진다.

사실, 이는 단순히 다체 문제의 해를 깔끔한 수학 공식으로 얻기 어렵다는 차원을 넘어선다. 다체 문제의 해는 상상 이상으로 복잡하며, 예측이 불가능할 정도로 이상하다. 다체 문제의 복잡성은 천체의 수가 아주 많을 필요도 없이 단 3개로 이루어진 3체 문제에서부터 발생한다. 그리고 3체 문제는 이른바 '카오스chaos'라고 불리는 혼돈 현상을 보인다.

1880년대 프랑스 수학자이자 물리학자인 앙리 푸앵카레Henri Poincare는 3체 문제의 해 가운데 계속 발산하지 않으면서도 주기성을 전혀 지니지 않는 해가 있다는 사실을 발견했다. 이 해는 초기에는 매우 규칙적인 것으로 보이지만 충분한 시간이 흐른 뒤에는 에너지가 허용하는 범위에서 3개의 천체가 우주 공간을 아무런 패턴 없이, 즉 무작위로 모두 훑고 지나간다고 말해준다. 그렇다. 이는 에르고딕 가설이 맞을 때 발생하는 현상이다.

카오스의 가장 중요한 특징은 초기 조건에 대한 민감성이다. 다시 말해, 초기 조건을 규정하는 과정에서 생길 수 있는 아주 미세한 오류가 시간에 따라 극도로 증폭되어 결국 최종 궤도를 예측하는 것이 완전히 불가능해진다. 참고로, 이렇게 오류가 증폭되어 예측이 불가능해지는 데 걸리는 시간을 '리아프노프 시간Lyapunov time'이라고 부른다.

대기의 대류 운동을 기술하는 로렌츠 방정식Lorenz equation에 따르면, 기상 현상은 며칠 정도만 지나면 혼돈에 빠진다. 다시 말해, 기상 현상의 경우에 리아프노프 시간은 단 며칠이다. 이것이 날씨를 일주일 전에 미리 예측하는 것이 그다지 의미 없는 이유다. 그리고 잘 알려져 있듯이, 이런 특징은 '나비 효과butterfly effect'라는 별명을 가지고 있다.

참고로, 이 별명은 앞선 로렌츠 방정식을 제안한 미국의 기상학자 에드워드 로렌츠Edward Lorenz가 1972년 제139회 미국과학진흥협회American Association for the Advancement of Science에서 진행한 강연의 제목에서 나왔다.

'브라질에서의 나비의 날갯짓이
텍사스에 돌풍을 일으키는가?'

다행히도 태양계의 경우에는, 리아프노프 시간이 약 수백만 년인 것으로 알려져 있다. 따라서 머지않은 날에 태양계가 우리의 예측을 벗어나 행동할 확률은 매우 낮다.

따라서 원칙적으로, 우리는 카오스 이론에 기반한 에르고딕 가설을 통해 바른틀 앙상블을 뉴턴의 운동 방정식으로부터 유도할 수 있다.

앗, 잠깐! 아무리 카오스가 초기 조건에 민감하다고 해도, 입자의 궤적은 여전히 초기 조건에 의해 완벽하게 결정된다. 다시 말해, 초기 조건을 무한히 정밀하게 알아낼 수 있다면, 원칙적으로 우주의 운명은 인과관계에 의해 완벽하게 결정된다. 그런데 이 단계에서 우리가 양자역학을 같이 생각하면, 양자역학의 오묘함이 다시 한번 드러난다.

그림 14 나비와 로렌츠 방정식과 돌풍

양자역학에 따르면, 입자의 위치와 속도는 동시에 정확히 알 수 없다. 이것이 바로 하이젠베르크$^{Werner\ Heisenberg}$의 불확정성 원리$^{uncertainty\ principle}$다.

$$\Delta x \cdot \Delta p \geq \hbar/2$$

여기서 Δx와 Δp는 각각 입자의 위치와 운동량의 부정확도다. 다시 말해, 하이젠베르크의 불확정성 원리는 위치와 속도에 관한 초기 조건을 아무리 정확하게 규정하려고 해도, 우리가 도달할 수 있는 정확도에 한계가 있다고 말한다. 이 한계는 실험 장비의 한계가 아니라,

우리 우주의 근본적인 한계다.

하이젠베르크의 불확정성 원리는 파동 함수의 근본적인 성질에 기인한다. 이 사실을 이해하기 위해, 절대음감을 가진 어떤 피아니스트를 상상해 보자. 절대음감은 주어진 선율을 들으면 그 안에 담긴 음의 진동수, 즉 음높이를 맞힐 수 있는 능력이다. (참고로, 이러한 능력은 머릿속에서 직관적으로 푸리에 변환Fourier transform을 할 수 있다는 것을 의미한다.) 이 피아니스트는 오랜 시간 연주되는 단조로운 선율의 음높이를 아주 쉽게 맞힐 수 있는데, 이 선율이 단 하나의 진동수로만 이루어지기 때문이다. 반면, 이 피아니스트에게 어려운 선율은 짧은 시간에만 잠깐 연주되고 끝나버리는 선율이다. 이 선율에는 무수히 많은 음들이 섞여 있기 때문이다. 즉, 선율이 연주되는 시간의 길이 Δt와 선율이 품고 있는 음높이의 다양성 $\Delta \omega$는 반비례한다. 달리 말해, 시간의 길이와 음높이의 다양성을 곱한 값은 어떤 양의 상수, 엄밀히 말해 1/2보다 크다. 수식으로 표현하면 다음과 같다.

$$\Delta t \cdot \Delta \omega \geq 1/2$$

이제 Δt를 파동이 차지하는 공간의 길이 Δx, 그리고 $\Delta \omega$를 파동이 품고 있는 파수의 다양성 Δk에 대응시키면, 다음의 결론을 얻는다.

$$\Delta x \cdot \Delta k \geq 1/2$$

특히, 양자역학적 파동 함수라면 파동의 파수는 운동량에 비례한다. 즉, $p=\hbar k$다. 그리고 이를 이용하면, 하이젠베르크의 불확정성 원리를 유도할 수 있다.

정리하면, 하이젠베르크의 불확정성 원리가 말해주는 바는 어떤 정확도의 한계보다 더 작은 공간에서 입자는 파동처럼 요동친다는 것이다. 바로 양자 요동quantum fluctuation이다. 양자 요동은 아주 작은 스케일에서 초기 조건을 근본적으로 완전히 헝클어뜨릴 수 있다.

결론적으로, 카오스와 양자역학이 결합되면 초기 조건에 대한 정보는 완전히 유실될 수 있다. 그리고 바른틀 앙상블이 얻어질 수 있다. (참고로, 현재 물리학자들은 카오스 없이 순수하게 양자역학만을 이용해 바른틀 앙상블을 유도하는 방법을 연구하고 있다. 이러한 방법 가운데 하나가 고유 상태 열화 가설eigenstate thermalization hypothesis, ETH이다.)

자, 이제 우리는 우주가 왜 바른틀 앙상블에 도달하는지 알게 되었다. 그런데 불행히도, 바른틀 앙상블은 우리에게 재앙이나 다름없다.

·ᐧ· 시계태엽 감기 ·ᐧ·

기계식 시계에는 작은 우주가 들어 있다. 그래서 기계식 시계는 아름답다. 정교하게 제작된 스프링과 톱니바퀴에 의해 정확하게 맞물려 돌아가는 완벽한 우주, 그런 작은 우주가 기계식 시계 안에 담겨 있다. 이는 다름 아닌 우리가 생각하는 완벽한 물리법칙에 의해 지배되는 우주의 모습과 다르지 않다.

하지만 모든 기계식 시계는 결국 멈춘다. 비단 기계식 시계뿐만 아니라, 이 세상 모든 것은 결국 사용 가능한 에너지가 모두 소진되어, 즉 엔트로피가 최대화되어 열평형에 도달한다. 시간의 방향이 엔트로피의 최대화를 향한다면, 이는 우주의 피할 수 없는 운명이다.

깨진 유리병은 다시 하나로 조합되지 않으며, 엎질러진 물은 다시 그릇에 담기지 않는다. 활기차고 젊은 우주는 서서히 늙어간다. 우리 모두는 필멸할 운명이다. 이렇게 엔트로피가 최대화되어 우주의 모든 것이 멈추는 결말을 '우주의 열역학적 죽음heat death of the universe'이라고 한다. 즉, 바른틀 앙상블은 곧 죽음이다.

하지만 필멸할지라도, 우리는 그냥 사라지지 않는다. 유리병이 깨지려면 먼저 유리병이 있어야 한다. 물이 엎질러지려면 먼저 물이 그릇에 담겨 있어야 한다. 즉, 국소적일지라도 먼저 낮은 엔트로피를 가지는 상태가 존재해야 한다. 그런데 이는 달리 말해, 낮은 엔트로피를 지닌 상태가 존재하도록 어느 순간 시스템의 초기 조건이 국소적으로 재설정된다는 의미다. 어떻게 이것이 가능할까?

창발, 즉 나타남emergence 덕분이다. 기계식 시계를 비유로 들어 설명하자면, 어느 순간 어떤 것이 시계태엽을 다시 감는 것이다. 이렇게 엔트로피를 낮추는 방향으로 초기 조건이 재설정되는 것, 이것이 바로 창발이다. 그런데 여기서 중요한 사실이 하나 있다. 태엽을 감는 것이 시계 바깥에 있지 않다는 점이다. 태엽을 감는 것은 다름 아닌 바로 그 시계다.

7장

존재

: 나타남에 관하여

Existence: On the Emergence

유명한 SF 소설가 필립 K. 딕$^{Philip\ K.\ Dick}$의 소설 『안드로이드는 전기 양의 꿈을 꾸는가?$^{Do\ Androids\ Dream\ of\ Electric\ Sheep}$』에 바탕을 둔 공상과학 영화가 있다. 리들리 스콧$^{Ridley\ Scott}$의 1982년작, 바로 〈블레이드 러너$^{Blade\ Runner}$〉다.

영화의 배경은 그로부터 머지않은 미래인 2019년의 로스앤젤레스로, 인류는 유전공학의 발달에 힘입어 '레플리컨트^{replicant}'라고 불리는 인조인간, 즉 안드로이드^{android}를 제작할 수 있게 되었다. 안드로이드들은 인간보다 월등한 육체적 능력을 가지도록 제작되었으며, 우주 식민지 건설이나 전투와 같이 극한적인 작업에 동원되었다. 주인공 릭 데커드는 그 가운데 범죄를 저지른 레플리컨트를 추적해 '은퇴' 시키는, 즉 죽이는 일을 하는 형사다.

영화가 시작되자 데커드는 지구로 몰래 잠입해 들어온 레온, 조라, 프리스, 로이라는 4명의 레플리컨트들을 찾아 모두 은퇴시키는 임무를 떠맡는다. 레플리컨트 그룹이 지구에 잠입한 이유는 레플리컨트를 제작하는 타이렐 기업의 회장, 엘든 타이렐을 직접 만나 자신들의 수명을 연장해 줄 것을 요구하기 위해서였다.

레플리컨트들은 당장 동원되어야 하므로, 태어날 때부터 건장한 성인의 몸으로 태어난다. 하지만 여러 가지 사회적·기술적 문제들로 그들의 수명은 4년으로 제한된다. 레플리컨트들은 육체적으로 가장 절정인 순간에 죽음을 맞이할 운명인 것이다.

로이를 비롯한 4명의 레플리컨트들은 그들을 탄생시킨 타이렐 회장이 그들의 생명을 연장시키는 방법을 알고 있으리라고 믿었고, 그에게 직접 그 방법을 물어볼 작정이었다. 그런데 지구에 잠입하고 나서 레온은 홀든이라는 형사, 즉 블레이드 러너에게 붙잡힌다. 하지만 레플리컨트가 인간과 너무나 비슷한 탓에 맨눈으로 이 둘을 구분할 수는 없었고, 이에 블레이드 러너들은 용의자가 레플리컨트인지 인간인지 판단하기 위한 보이트-캠프 테스트라는 심리 검사를 사용했다.

이 심리 검사는 기본적으로 피검사자가 다른 생명체가 느끼는 고통에 얼마나 공감하는지를 측정하는 시험이다. 예를 들어, 동물이 학대받는 상황을 묘사하는 질문을 레플리컨트에게 던지고 그들의 감정에 어떤 변화가 나타나는지를 관찰하는 것이다. 그런데 아이러니하게도, 대다수 인간들은 이런 질문에 별 반응을 보이지 않는다. 반면, 레플리컨트들은 감정적으로 매우 불안정해진다. 레온도 보이트-캠프 테스트 중에 갑자기 감정적으로 격앙되어 홀든을 죽이고 만다. 그리고 이로 인해 지구에 잠입한 4명의 레플리컨트들의 정체도 드러난다.

임무를 맡은 데커드는 타이렐 회장부터 만나라는 명령을 받는다.

데커드와 만난 타이렐 회장은 어떤 이유에서인지, 보이트-캠프 테스트를 자신의 비서인 레이철에게 적용해 보라고 말한다. 표면적인 이유는 보이트-캠프 테스트가 잘못되어서 인간을 레플리컨트로 오인할 가능성은 없는지 시험하기 위한 것이었다.

긴 테스트 끝에 데커드는 레이철이 스스로를 인간이라고 굳게 믿는 레플리컨트라는 결론을 얻고, 이에 타이렐 회장도 그녀가 레플리컨트임을 인정한다. 그리고 회장은 그녀가 레플리컨트들이 지닌 감정적인 불안정성을 없애기 위해 어릴 적 기억을 가짜로 주입한 최신형 모델이라고 덧붙인다.

그날 밤, 이를 알지 못하는 레이철은 무언가 잘못되었다는 것을 직감하고, 자신이 진짜 인간임을 판정받기 위해 데커드의 집을 찾아온다. 어릴 때 찍은 가족사진을 잔뜩 가지고. 레이철은 그 사진들을 찍은 시간과 장소를 생생히 기억하며 바로 이것이 자신이 인간임을 증명한다고 주장하지만, 데커드는 그 기억들이 모두 가짜라는 사실을 일깨워 준다.

레이철이 눈물을 흘리며 떠나버리고 나서, 데커드는 레플리컨트들이 이상할 정도로 사진에 집착한다는 점에 주목한다. 실마리를 얻은 데커드는 레온의 아파트에서 발견된 사진 속에서 조라의 흔적을 발견하고, 결국 조라를 찾아내 어렵사리 은퇴시킨다.

상황 수습을 위해 현장에 들른 데커드의 상관은 데커드에게 레이철이 출근하지 않고 있으며, 이제 그녀의 은퇴도 준비하라고 명령한다. 때마침 데커드는 군중 속에서 레이철을 발견하고, 레이철을 뒤쫓는다. 그런데 조라가 죽어가는 모습을 멀리서 지켜보던 레온으로부터 갑작스럽게 공격을 받는다. 조라의 죽음에 분노한 레온이 데커드를 궁지에 몰아넣고 죽이려는 순간, 레이철은 데커드의 총을 들고 레온을 향해 방아쇠를 당긴다. 레온이 죽고 아파트로 돌아온 데커드는 레이철에게 그녀를 은퇴시키지 않겠다고 약속하며, 격정적인 사랑을 나눈다.

이 일이 벌어지는 시간, 로이와 프리스는 타이렐 회장의 유능한 유전공학 디자이너인 J. F. 서배스천에게 접근해 그들을 도와주도록 설득한다. 조로증을 앓고 있어 젊은 나이에 죽을 운명이었던 서배스천은 4년의 수명을 지닌 레플리컨트에게 동질감을 느끼며, 타이렐 회장과 만나는 자리를 로이와 함께한다. 타이렐 회장은 로이에게 레플리컨트의 생명 연장은 원리적으로 불가능하다고 말한다. 레플리컨트의 능력만을 칭찬할 뿐 레플리컨트의 수명에 대해서는 무책임한 태도로 일관하는 타이렐 회장에게 분노하며, 로이는 회장을 처참히 죽인다.

다시 데커드. 서배스천의 집에 잠입한 데커드는 프리스로부터 불시에 공격을 받는다. 격렬한 싸움 끝에 프리스를 죽이고 가까스로 살아남지만, 데커드는 곧 프리스를 발견하고 분노하는 로이를 마주한다. 이제 사냥감은 데커드가 된다. 추격자였던 블레이드 러너와 도망자였던 레플리컨트는 반대로 서로 쫓고 쫓긴다.

그런데 하필이면 지금, 로이의 몸은 4년이라는 수명의 끝을 향해 가고 있었다. 로이의 몸이 점점 굳기 시작한 것이다. 하지만 로이의 몸이 굳어도 인간의 맨몸으로 레플리컨트에 대항하는 것은 불가능하다.

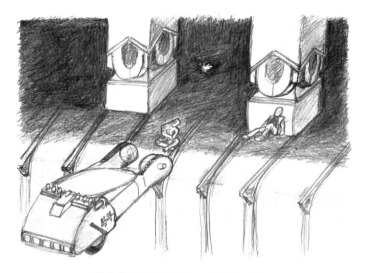

그림 15 영화 〈블레이드 러너〉의 엔딩

데커드는 로이의 추격을 피해 달아나다가 결국 선물 옥싱에 다다른
다. 이제 데커드가 살아남을 수 있는 유일한 방법은 반대편 건물의 옥
상으로 뛰어넘어 도망가는 것뿐이다.

데커드는 있는 힘을 다해 뛰어서, 반대편 건물의 옥상 끝에 튀어나
온 구조물에 가까스로 매달린다. 그런데 로이는 굳어가는 몸을 이끌
고 건물 사이를 건너와, 건물 끝에 매달린 데커드의 손이 점점 미끄러
지는 것을 바라본다.

그런데 데커드의 손이 완전히 미끄러져서 추락하려는 순간, 떨어
지는 데커드를 로이가 붙잡는다. 생명이 사그라드는 마지막 순간에
로이는 데커드를 살리기로 결심한 것이다. 그리고 로이는 죽어가며

이런 말을 남긴다.

"나는 당신네 인간들이 도저히 믿을 수 없는 것들을 보았지. 오리온성좌의 어깨에서 불타던 공격선들. 탄하오저 입구 근처, 어둠 속에서 빛나던 C-빔들도 보았고. 이 모든 순간이 시간 속에서 사라지겠지, 마치 빗속의 눈물처럼. 죽을 시간이군."

〈블레이드 러너〉의 줄거리에 대해 자칫 지나칠 정도로 자세히 이야기한 데는 이유가 있다. 바로 죽음을 앞둔 로이의 독백이 전달하는 메시지 때문이다. 추측하건대, 로이의 독백은 다음과 같은 질문에 대한 답이다.

"인간으로 존재한다는 것은 무엇인가?"

이 질문에 대해 〈블레이드 러너〉가 어떤 답을 제시하는지 분석해 보자. 레플리컨트들은 사진에 집착했다. 레이철도 가짜이기는 하지만 오래된 가족사진에 집착했다. 아니, 정확하게는 사진이 품고 있는 기억에 집착했다. 기억이 중요한 이유는 변화의 기록이기 때문이다. 레플리컨트들은 인간성을 얻기 위해 변화의 기록이 필요했다.

이 결론을 보다 큰 틀에서 해석해 보자. 인간으로 존재하는 것은 변화하는 것이다. 그리고 변화하는 것은 성숙하는 것이다. 성숙하는 것은 로이가 데커드를 살려주는 것과 같이, 이전에 하지 않았던 일을 함으로써 자기 자신을 재창조하는 것이다.

안타깝게도, 이 멋진 해석은 한 철학자에게 빚지고 있다. 1927년 노벨 문학상 수상으로 빛나는 프랑스의 사상가, 바로 앙리 베르그송Henri Bergson이다. 베르그송은 그의 대표작인 『창조적 진화L'évolution créatrice』에서 다음과 같이 말했다.

"존재한다는 것은 변화하는 것이고, 변화하는 것은 성숙하는 것이고, 성숙하는 것은 끊임없이 자기 자신을 창조해 나가는 것이다."

다시 말해, 존재한다는 것은 한 상태에 머무는 것이 아니라, 스스로를 끊임없이 새롭게 만들어 나가는 것이다. 존재는 창조적 진화다. 달리 말해, 존재는 진화할 때만 지속duration할 수 있다. 이러한 관점에서 진정한 시간의 흐름은 지속이다.

그런데 여기서 질문이 하나 생긴다. 〈블레이드 러너〉의 레플리컨트와 같이 인공적으로 만들어지는 안드로이드는 창조적으로 진화하는 생명체로 존재할 수 있을까? 요컨대, 인공 생명artificial life은 가능한가?

· ·• 인공 생명 •· ·

인공 생명이 가능한지 알려면, 먼저 인공 생명이 무엇인지 알아야 한다. 그리고 인공 생명이 무엇인지 알려면, 생명이 무엇인지 알아야 한다. 그러니 생명의 특징을 보여주는 유명한 일화에서 시작해 보자.

프랑스의 유명 철학자이자 수학자 그리고 물리학자인 르네 데카르트Renè Descartes는 어느 날 스웨덴의 크리스티나 왕비Queen Christina of Sweden를 만난 자리에서, 인간의 몸은 기계와 다를 바 없다고 주장했다. 철학자의 말에, 영민한 크리스티나 왕비는 생명이 지닌 중요한 특성 하나를 다음과 같이 지적한다. "그럼 저기 있는 시계가 자기 자식을 낳을 수 있다는 걸 보여주세요."

이 일화가 말해주는 바는 생명이란 무릇 자기 자신과 비슷한 개체를 만들 수 있는 존재라는 점이다. 다시 말해, 생명의 가장 핵심적인 특성은 자기 복제self-replication다.

인공 생명을 자기 복제 하는 기계로 정의하고, 그것의 실현 가능성을 진지하게 탐구한 이가 있었다. 20세기 최고의 수학자이자 컴퓨터과학자로 꼽히는 존 폰 노이만John von Neumann이다. 폰 노이만이 자기 복제 능력을 인공 생명, 더 나아가 생명 자체의 가장 중요한 특성으로 여겼던 이유는 어떤 개체가 자기 복제 능력을 갖추면 진화도 가능해지기 때문이다. 구체적으로 그 이유를 들여다보자. 모든 복제 과정은 완벽하지 않다. 따라서 자신을 복제하는 과정에서도 때때로 크고 작은 오류가 발생할 수 있다. 그리고 그 결과로 돌연변이가 발생할 수 있다. 진화란 다름 아니라 변하는 환경에 적합하게 돌연변이를 일으킨 개체가 살아남는 과정이다.

자, 그렇다면 기계의 자기 복제를 위해 필요한 것은 무엇일까? 폰 노이만은 논리적으로 크게 3개의 장치가 필요하다고 추측했다. 첫 번째 장치는 기계를 만드는 데 필요한 설계도 또는 청사진blueprint 이다. 이 설계도는 구체적으로 테이프tape와 같은 형태의 저장 장치memory 에 저장될 수 있다. 두 번째 장치는 설계도를 바탕으로 실제로 복제되는 기계를 만드는 장치인 보편 제작기universal constructor다. 마지막으로 세 번째 장치는 새롭게 복제되어 만들어진 기계의 비어 있는 저장 장치에 그것의 설계도를 복사해 집어넣는 보편 복사기universal copier라는 장치다. 폰 노이만은 이 3개의 장치로 이루어진 기계가 복제에 필요한 부품들로 가득 차 있는 일종의 '호수' 위에서 유영하는 상황을 상상했다. 폰 노이만의 기계는 이 호수에서 자기 자신을 무한히 복제할 수 있다.

그런데 잠깐, 테이프의 형태로 기계의 설계도를 저장하는 장치, 어디에서 들어본 것 같지 않은가? 그렇다. 데옥시리보핵산deoxyribonucleic acid, 바로 DNA다. DNA는 이중나선 구조를 지니는 테이프의 형태로 생명체의 설계도를 저장한다.

흠, 폰 노이만이 DNA에서 아이디어를 얻었을 것이라고 짐작할지도 모르겠다. 그러나 놀랍게도, 폰 노이만의 아이디어는 DNA 구조의 발견보다 앞선다. 구체적으로, 폰 노이만은 1949년 미국 일리노이 대학교에서 수행한 강의를 통해 그의 아이디어를 공개적으로 설명했다. 반면 DNA가 이중나선 구조를 지닌다는 사실은 제임스 왓슨James Watson과 프랜시스 크릭Francis Crick이 1953년에 처음 발견했다. 참고로, DNA 구조가 이중나선 구조라는 것은 몰랐지만, DNA가 유전을 지배한다는 가설은 이미 1940년대 후반부터 학계의 정설이었다.

자칫 그 중요성을 놓치기 쉽지만, 폰 노이만의 아이디어는 컴퓨터과학을 진보시킨 아주 중요한 발견이었다. 폰 노이만은 기계가 수행하는 작업(여기서는 기계가 스스로 복제하는 작업)과 이를 수행하는 기계를 구분했다. 다시 말해, 폰 노이만은 기계가 수행하는 프로그램program과 기계 자체를 개념적으로 분리한 것이다.

폰 노이만 이전까지 컴퓨터는 고정된 회로로 이루어졌기에, 단 한 가지 작업만을 수행할 수 있었다. 반면, 현재 우리가 쓰는 컴퓨터는 프로그램만 수정하면 일반적으로 어떠한 작업이라도 실행할 수 있다. 폰 노이만은 이러한 범용 컴퓨터의 구조를 발명한 것이다. 전문적으로, 이를 '폰 노이만 구조von Neumann architecture'라고 부른다. 그런데 사실, 폰 노이만의 이 아이디어는 컴퓨터에 관한 앨런 튜링Alan Turing의 아이디어를 바탕으로 한다.

·˙·˙ 튜링 기계 ·˙·˙

튜링은 '현대 컴퓨터과학의 아버지'라고 불린다. 그 이유가 무엇일까? 그가 튜링 기계Turing machine라는 개념을 발명했기 때문이다. 그런데 놀랍게도, 튜링이 튜링 기계를 발명한 이유는 20세기 초에 드러난 수학의 근본적인 문제와 관련 있다.

구체적으로, 1900년을 전후로 수학의 기초인 집합론set theory에서 여러 심각한 모순이 발견되었다. 이러한 모순을 해결하기 위해, 당시 최고의 수학자 가운데 한 명이었던 다비트 힐베르트David Hilbert는 수학을 완벽하게 무모순적인 체계 위에 세워야 한다고 주장했다. 힐베르트의 주장에 많은 수학자들이 동의했으며, 그로 인해 촉발된 수학자들의 움직임은 실제로 수학 체계를 정비하는 데 깊은 영향을 미쳤다. 이 움직임을 '힐베르트 프로그램Hilbert's program'이라고 한다. 간단히 말해, 힐베르트 프로그램은 다음을 보이는 것을 목표로 한다.

* **완전성**completeness: 모든 참인 수학적 명제는 증명 가능하다.
* **일관성**consistency: 참으로 증명된 임의의 수학적 명제들은 서로 모순되지 않는다.
* **결정 가능성**decidability: 어떤 수학적 명제든, 그것이 참인지 거짓인지 결정할 수 있는 방법, 즉 알고리즘이 존재한다.

결론부터 말하면, 힐베르트 프로그램은 실패했다. 먼저, 완전성과 일관성은 괴델Kurt Gödel의 불완전성 정리incompleteness theorem에 의해 부정된다. 구체적으로, 괴델의 불완전성 정리는 제1정리와 제2정리로 구분된다. 괴델의 제1불완전성 정리에 따르면, 어떤 수학적 체계가 무모순이라면 그 체계에서 참이지만 증명할 수 없는 수학 명제가 적어도 하나 이상 존재한다. 따라서 수학의 완전성은 무너진다. 괴델의 제2 불완전성 정리에 따르면, 어떤 수학적 체계가 무모순이라면 그 체계에서 모순이 도출되지 않는다는 것을 그 체계 안에서 증명할 수 없다. 일관성도 무너진다.

결정 가능성은 튜링에 의해 무너진다. 튜링은 결정 가능성을 테스트하기 위해 계산하는 기계, 즉 컴퓨터를 상상했다. 더 정확하게는, 튜링은 컴퓨터를 묘사하는 수학적인 모형을 상상했다. 그리고 이 모형이 바로 튜링 기계다. 튜링 기계는 4개의 장치로 이루어진다.

1. **테이프**   일정한 크기의 셀cell로 나뉘어 있으며, 각 셀에는 숫자가 기록되어 있다. 테이프에 담긴 일련의 숫자, 즉 수열은 튜링 기계가 수행해야 하는 작업에 필요한 입력 정보input data다.

2. **헤드**head   테이프의 주어진 셀에 기록된 숫자를 읽어 들인다. 헤드는 테이프 위에서 좌우로 움직일 수 있다.

3. **상태 기록기**state register   튜링 기계의 현재 상태를 기록한다. 튜링 기계의 상태는 A, B, C, … 등의 다양한 상태를 지닐 수 있으며, 만약 '정지halt'이면 튜링 기계는 작동을 멈춘다.

4. **행동 표**action table   튜링 기계가 어떤 상태에 있을 때 특정 숫자를 읽는다면 해야 할 행동에 관한 지침이다. 예를 들어, 현재 상태가 A인데 숫자 '1'을 읽었다면, 숫자를 '2'로 바꾸고 헤드를 오른쪽으로 이동한다. 또는, 현재 상태가 B인데 숫자 '2'를 읽었다면, 숫자를 '3'으로 바꾸고 정지한다. 행동 표는 튜링 기계를 구동시키는 프로그램이라고 볼 수 있다.

여기에 기술된 튜링 기계는 주어진 행동 표에 의해 규정되는 단한 가지 작업만을 수행할 수 있다. 하지만 우리는 임의의 작업을 수행할 수 있는 보편적인 기계를 원한다. 튜링은 그러한 기계가 원리적으로 가능하다는 것을 보였고, 그것이 바로 보편 튜링 기계universal Turing machine다.

보편 튜링 기계는 임의의 다른 튜링 기계를 흉내 낼 수 있는 튜링 기계다. 방법은 간단하다. 편의상, 보편 튜링 기계를 'UM'이라고 부르고, 흉내 내려는 튜링 기계를 'M'이라고 부르자. UM이 M을 흉내 내려면, M의 입력 정보뿐만 아니라 M의 행동 표도 수열의 형태로 바꾸어 테이프에 기록한 다음, 이를 UM에 집어넣기만 하면 된다. 그러면 UM은 M의 입력 정보와 행동 표를 바탕으로 M이 내놓을 결과를 흉내 내어 출력할 수 있다.

정리해 보면, 보편 튜링 기계는 입력 정보와 행동 표를 테이프 하나에 모두 저장함으로써 만들어질 수 있다. 그런데 이 아이디어는 다름 아닌 폰 노이만 구조다. 행동 표를 프로그램이라고 볼 때, 폰 노이만 구조를 지닌 컴퓨터를 '프로그램 내장형 컴퓨터stored-program computer'이라고 부른다. 그렇게 튜링 기계라는 개념은 현대 컴퓨터의 바탕을 이룬다.

좋다. 그런데 여기서 예상치 못한 일이 생긴다. 튜링 기계가 힐베르트 프로그램의 세 번째 목표인 결정 가능성을 무너뜨리는 것이다. 튜링 기계는 원칙적으로 어떠한 계산이라도 수행할 수 있다. 심지어 제대로 프로그래밍만 된다면, 튜링 기계는 주어진 수학적 명제가 참인지 거짓인지도 결정할 수 있다. 그렇다면 임의로 주어지는 입력 정보에 대해 튜링 기계는 유한한 시간 안에 계산을 끝마칠 수 있는가? 만약 그렇다면 결정 가능성을 증명할 수 있는 셈이다. 참고로, 이 질문을 '정지 문제^{halting problem}'라고 부른다. 사실, 튜링 기계도 바로 이 정지 문제에 답하기 위한 것이었다.

튜링이 발견한 답은 부정적이었다. 다시 말해, 임의로 주어지는 입력 정보에 대해 튜링 기계가 계산을 끝마칠 수 있을지 아닐지는 결정할 수 없다. 여기서 아주 자세하게 설명할 수는 없지만, 튜링의 증명이 지닌 핵심 내용을 이야기하면 다음과 같다.

먼저, 임의로 주어지는 입력 정보에 대해 계산을 끝마칠 수 있을지 아닐지를 결정할 수 있는 튜링 기계가 존재한다고 가정해 보자. 논의의 편의상, 이 튜링 기계를 'H'라고 하자. H에 입력 정보와 그것의 구동 프로그램을 집어넣으면, H는 주어진 입력 정보에 해당하는 계산이 유한한 시간 안에 끝날지 아닐지, 즉 정지되는지 무한반복되는지를 판단할 수 있다.

이제 H의 판단 결과에 따라 다음과 같은 작업을 실행하는 보조 장치를 붙인다고 하자. 이 보조 장치의 역할은 H의 판단 결과를 거꾸로 뒤집어서 출력하는 것이다. 즉, 계산이 정지된다는 결과가 나오면 무한반복된다는 출력을 하고, 무한반복된다는 결과가 나오면 정지한다는 출력을 하는 것이다. 보조 장치를 포함한 튜링 기계 전체를 'H+'라고 하자.

이제 H+를 구동하는 프로그램을 H+의 입력 정보로 집어넣어 보

자. 자, 여기서 아주 재미있는 상황이 발생한다. H+의 내부에 있는 H 는 H+가 자신의 판단과 반대로 행동할 것임을 알고 있다. 하지만 H 가 이 함정에서 벗어날 방법은 없다. 즉, H가 판단하기에 H+가 정지 된다는 출력을 한다면 보조 장치에 의해 H+는 실제로 무한반복된다 는 출력을 할 것이다. 반대로, H가 판단하기에 H+가 무한반복된다는 출력을 한다면 보조 장치에 의해 H+는 실제로 정지된다는 출력을 할 것이다. 모순이다. 따라서 귀류법에 의해, H라는 튜링 기계가 존재한 다는 가정은 틀렸다. 즉, 정지 문제는 결정 불가능하다. 그리고 결론 적으로, 튜링 기계는 수학의 근본이 생각보다 굳건하지 않다는 사실 을 보여준다.

그렇다면 튜링 기계는 우리에게 재앙일 뿐인가? 아니, 그렇지 않 다. 앞서 말했듯이, 튜링 기계는 현대 컴퓨터의 바탕이다. 특히, 튜링 기계를 이용하면 원칙적으로 자기 자신을 복제하는 기세가 존재할 수 있다는 것을 증명할 수 있다. 자기 복제를 수행하는 작업을 하나 의 프로그램으로 만들 수 있기 때문이다. 즉, 폰 노이만이 상상한 인 공 생명은 원칙적으로 존재할 수 있다.

하지만 이러한 중요한 진보에도 불구하고, 튜링과 폰 노이만이 살 았던 시대의 많은 과학자들은 당시 기술로 실제로 자기 복제 하는 기 계를 만들 수 없다는 사실에 갈증을 느꼈다. 그렇다면 어떻게 이 갈 증을 조금이나마 해소할 수 있을까?

· ·•· 생명 게임 ·•· ·

폰 노이만은 생명의 핵심이 물리적 실체를 넘어서는 일종의 논리적 구조라고 생각했다. 이것이 무슨 뜻일까? 우리가 아는 한, 지구상의 모든 생명체는 탄소에 기반한다. 탄소는 수소, 산소, 그리고 다른 몇몇 원소들과 결합해 생명체를 구성하는 데 필요한 다양한 탄소 화합물을 만들어 낸다. 거칠게 말해, 생명은 탄소 화합물이다.

그런데 생명체는 꼭 탄소 화합물로 만들어져야 할까? 『코스모스^{Cosmos}』의 저자로 유명한 칼 세이건$^{Carl\ Sagan}$은 생명체가 꼭 탄소 화합물로 만들어져야 한다고 믿는 것을 탄소 우월주의라고 비판했다. 그리고 우주의 다른 곳에서는 생명체가 탄소와 비슷한 성질을 지닌 규소^{silicon}나 게르마늄^{germanium}으로 이루어질 수 있다고 주장했다. 참고로, 규소나 게르마늄은 원소 주기율표$^{periodic\ table\ of\ the\ elements}$에서 탄소와 같은 족^{group}에 속한다. 이른바 '탄소족 원소'라고 불리는 이 원소들은 최외각 에너지 준위에 전자를 4개씩 가지고 있다.

자, 그렇다면 탄소가 아닌 다른 원소들로 구성된 생명체는 어떤 의미에서 생명이라고 불릴 수 있을까? 물리적 실체를 넘어서는 생명을 지배하는 논리적 구조는 무엇일까?

폰 노이만은 그러한 논리 구조를 찾기 위해 그의 친구 스타니스와프 울람$^{Stanislaw\ Ulam}$과 함께 생명을 모사하는 수학 모형을 개발했다. (참고로, 울람은 수소 폭탄의 개발자로 유명하다.) 이 수학 모형은 셀룰러 오토마타, 즉 세포 자동 장치$^{cellular\ automata}$다. 간단히 말해, 셀룰러 오토마타는 바둑판과 같이 셀 또는 칸으로 나뉘어 있는 격자 위에서 펼쳐지는 동역학적 모형이다.

구체적으로, 격자 위 각 셀은 초기 시간 t_0에 그것이 가질 수 있는 다양한 상태들 중 하나를 할당받는다. 다음 시간 t_1에 각 셀이 가지는 상태는 초기 시간 t_0에 그것 주변의 다른 셀들의 상태에 의존한다. 다시 말해, 매 순간 각 셀의 상태는 그 직전 시간의 주변 셀들이 지닌 상태에 의존하면서 동역학적으로 변화한다. 주어진 셀의 상태가 주변 셀들의 상태에 정확히 어떻게 의존하는지는 튜링 기계의 행동 표와 비슷한 일종의 규칙으로 상황에 맞추어 프로그램될 수 있다. 결론적으로, 격자 위의 각 셀은 t_0, t_1, t_2, t_3 등으로 이어지는 시간의 함수로 계속 변화한다.

폰 노이만이 처음 제안한 세포 자동 장치는 무한한 크기의 바둑판, 즉 2차원의 사각 격자 위에서 각 셀이 29개의 상태를 가지는 모형으로, 폰 노이만은 이 모형을 사용해 실제로 자기 복제 하는 세포 자동 장치를 구현했다. 좋다. 그런데 29개의 상태는 조금 복잡하다는 생각도 든다. 자세히 이야기하지 않았지만, 셀의 상태가 변하는 규칙은 훨씬 더 복잡하다. 조금 더 단순한 모형은 없을까?

다행히도, 세포 자동 장치의 표본이 있다. 바로 영국의 수학자 존 콘웨이John Conway가 창안한 생명 게임game of life이다. 이름에서 알 수 있듯이, 생명 게임은 생명을 모사하기 위해 만들어졌다. 콘웨이의 생명 게임은 2차원 사각 격자 위에서 벌어지며, 각 셀의 상태는 두 가지 상태, 삶과 죽음, 또는 0과 1 가운데 하나다. 각 셀의 상태는 그 셀을

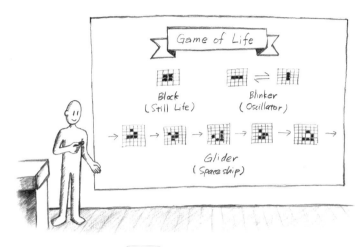

그림 16 콘웨이의 생명 게임

둘러싼 셀 8개의 상태에 따라 결정된다. 구체적으로, 생명 게임은 다음과 같은 세 가지 규칙을 따른다.

* **생존** 주변에 2개 또는 3개의 셀이 살아 있다면, 살아 있는 셀은 다음 단계에서 살아남는다.
* **사망** 주변에 4개 또는 그 이상의 셀이 살아 있다면, 살아 있는 셀은 인구 과잉으로 다음 단계에서 죽는다. 비슷하게, 주변에 0개 또는 1개의 셀이 살아 있다면, 살아 있는 셀은 고립으로 다음 단계에서 죽는다.
* **탄생** 주변에 정확히 3개의 셀이 살아 있다면, 죽은 셀은 다음 단계에서 새롭게 태어난다.

독자들은 생명 게임에서 어떤 패턴들이 생길 것으로 기대하는가? 그 답을 말하자면, 놀라울 정도로 다양한 패턴이 생길 수 있다. 먼저, 패턴은 안정한 패턴과 불안정한 패턴으로 나뉜다. 그리고 안정한 패턴은 다음과 같은 네 가지 경우로 구분된다.

* 정물still life   아무 변화 없이 고정된 패턴. 예를 들면, 블록block이 있다.
* 진동자oscillator   정해진 주기를 가지고 반복되는 패턴. 예를 들면, 깜박이blinker가 있다.
* 우주선spaceship   모양은 진동자와 같이 정해진 주기를 가지고 반복되지만 위치가 변하는 패턴. 예를 들면, 글라이더glider가 있다.
* 총gun   패턴의 핵심 부분은 한자리에 고정되어 있으나 우주선을 계속 생성하는 패턴. 예를 들면, 고스퍼의 글라이더 총Gosper's glider gun이 있다. 고스퍼의 글라이더 총은 30단계에 한 번씩 글라이더를 발사한다.

반면, 불안정한 패턴은 예측 가능한 경우와 예측 불가능한 경우로 구분된다. 먼저, 예측 가능하면서 불안정한 패턴은 복잡한 진화 과정을 거치지만 결국 안정된 패턴을 형성하는 것으로 예측되는 패턴이다. 예를 들어, R-펜토미노R-pentomino라는 패턴은 겨우 5개의 살아 있는 셀로 구성되지만, 1103단계가 지나서야 비로소 안정된 패턴에 안착한다. 한편, 예측 불가능하면서 불안정한 패턴은 얼마나 많은 시간이 흘러야 안정된 패턴을 띠는지, 또는 결국 안정된 패턴을 갖기는 하는지 전혀 알 수 없는 패턴이다. 보다 세련되게 표현하자면, 이러한 패턴은 카오스 현상을 보인다.

문제는 불안정한 패턴의 운명을 결정할 방법이 없다는 것이다. 그런데 이는 다름 아닌 정지 문제다. 즉, 콘웨이의 생명 게임은 결정 불가능하다. 더 구체적으로, 생명 게임은 튜링 기계의 일종이다. 안정된 패턴은 튜링 기계가 정지하지 않고 무한히 돌아가는 상황이다. 모든 셀이 죽는 패턴은 튜링 기계가 정지하는 상황이다. 튜링의 증명에 따르면, 우리는 초기에 주어진 패턴이 무한히 돌아갈지, 아니면 정지할지 미리 알 수 없다.

이는 아주 놀라운 사실이다. 앞에서 보았듯이, 생명 게임의 규칙은 매우 단순하다. 그리고 무엇보다, 규칙은 완벽히 결정론적이다. 따라서 패턴의 동역학도 완벽히 결정론적이다. 하지만 우리는 패턴의 운명을 알 수 없다. 이는 마치 뉴턴의 운동 법칙이 완전히 결정론적이어도 우리 우주의 운명을 알 수 없는 것과 비슷하다. 생명 게임에 따르면, 생명을 지배하는 법칙은 결정론적이지만 생명의 운명을 예측할 수 없다. 그래서 묘하게도, 생명 게임은 자유의지와 결정론의 문제와 관련해 매우 중요한 통찰을 준다.

그런데 생명 게임이 흥미로운 점은 결정 불가능하다는 것뿐인가? 전혀 그렇지 않다. 생명 게임은 처음 제안되었을 때 상상하지도 못한 방향으로 우리를 이끈다. 즉, 생명 게임은 그 자체로 컴퓨터가 될 수 있다. 생명 게임이 튜링 기계의 일종이기 때문이다. 다시 말해, 생명 게임의 안정된 패턴을 잘 사용하면, 컴퓨터를 구축하는 데 필요한 모든 논리게이트logic gate를 완벽하게 구현할 수 있다.

참고로, 컴퓨터를 구축하는 데 가장 기본적으로 필요한 논리게이트는 NOT, AND, OR 게이트다. 그리고 잘 알고 있듯이, 컴퓨터는 0과 1로 이루어지는 이진법에 기반한다. 다시 말해, 컴퓨터는 0과 1로 이루어진 정보를 3개의 논리게이트를 사용해 적절하게 변형함으로써 주어진 연산을 수행하는 튜링 기계다.

전자회로로 이루어진 현대 컴퓨터는 0과 1을 표현하는 데 전압을 사용한다. 즉, 0볼트는 0에, 5볼트는 1에 대응한다. 생명 게임에서 0과 1을 표현하기 위해서는 이보다도 창의적인 방법이 필요한데, 바로 글라이더가 이용된다. 구체적으로, 고스퍼의 글라이더 총은 30단계에 한 번씩 글라이더를 발사한다고 했다. 그런데 이렇게 발사된 글라이더가 정해진 장소에 도착하지 않으면 0으로, 도착하면 1로 취급할 수 있다. 글라이더가 바로 신호인 것이다.

자, 이제 정말 재미있는 일이 벌어진다. 여러 개의 글라이더 총을 적절하게 배치하면 NOT, AND, OR 게이트를 모두 구현할 수 있다. 이는 컴퓨터의 중앙처리장치, 즉 CPU를 구축할 수 있다는 것을 의미한다. 그런데 컴퓨터는 CPU 말고도 저장 장치를 필요로 한다. 다행히도, 논리게이트를 구축할 때 쓰인 것과 비슷한 방법으로 저장 장치도 구축할 수 있다. 참고로, 이렇게 보편적인 연산에 필요한 모든 조건을 만족시키는 것을 '튜링 완전Turing completeness'이라고 한다. 결론적으로, 생명 게임은 튜링 완전하며, 현대 컴퓨터가 수행하는 모든 일을 할 수 있다.

특히, 생명 게임은 오늘날 각광받는 기계 학습machine learning을 이용한 인공지능artificial intelligence, AI 알고리즘도 원칙적으로 구현할 수 있다. 이는 생명 게임이 바둑에서 우리를 이길 수 있다는 말이다. 물론, 인공지능은 아직 진정한 의미에서 의식consciousness을 가지고 있지 않다. 즉, 강한 인공지능strong AI에 이르지 못했다. 그리고 인공지능과 인공 생명을 진정으로 구현하기 위해서는, 앞으로도 걸어가야 할 길이 많이 남아 있다. 어떤 방향으로 걸어가야 하는지 답할 수 없기에, 여기서는 그 대신 다음의 중요한 질문을 같이 생각해 보자.

생명 게임이 작동하려면 어찌 되었든 초기 패턴이 있어야 한다. 일반적인 튜링 기계의 경우라면, 초기 정보를 담은 테이프가 있어야 한다. 이 초기 패턴이나 정보는 인간이 입력한 것이다. 기계 학습에서처럼 기계가 자체적으로 지식을 습득하는 경우에도, 궁극적으로는 사람이 필요하다. 자, 이제 튜링 기계를 벗어나 질문해 보자. 진짜 생명은 어떤 초기 정보에서 시작된 것일까? 그리고 이 초기 정보는 누가 입력한 것일까?

이 질문을 다음과 같은 보다 포괄적인 관점에서 다시 한번 던져보자. 6장에서 보았듯이, 우주는 새로운 질서를 만들기 위해 국소적으로 엔트로피를 낮추는 방향으로 초기 조건을 재설정한다. 그렇다면 무엇이 초기 조건을 재설정하는 것일까?

답은 우주 바깥에 있지 않다. 모든 것은 자발적으로 이루어진다.

· ·•· 자발적 대칭성 깨짐 ·•· ·

대칭성은 물리학의 핵심 개념이다. 대칭성이 중요한 이유는 우리가 미래를 예측할 수 있도록 해주기 때문이다. 보다 전문적으로 말해, 대칭성이 그에 해당하는 보존 법칙을 수반하기 때문이다.

먼저, 공간의 병진 대칭성을 보자. 공간의 병진 대칭성이란, 공간 좌표의 기준을 정하는 원점의 위치를 바꾸어도 물리법칙에 어떠한 변화도 없다는 것을 의미한다. 예를 들어, 지구에서의 물리법칙과 달에서의 물리법칙은 완전히 동일하다. 그리고 아마도 우주 어디서나 물리법칙은 동일할 것이다. 공간의 병진 대칭성이 중요한 이유는 운동량 보존 법칙law of conservation of momentum을 수반하기 때문이다. 운동량 보존 법칙에 따르면, 외부의 힘이 작용하지 않는 고립계에서 전체 운동량은 보존된다. 즉, 우리는 어떤 고립계 속에서 입자들이 아무리 복잡하게 충돌해도 그것들의 전체 운동량은 보존된다는 것을 예측할 수 있다. 일상의 예로, 자동차 충돌 사고를 생각해 볼 수 있다. 두 자동차가 부딪친 경우에, 자동차 하나의 운동량을 알면 다른 차량의 운동량을 계산할 수 있다.

비슷하게, 공간의 회전 대칭성은 각운동량 보존 법칙law of conservation of angular momentum을 수반한다. 공간의 회전 대칭성이란, 공간 좌표의 방향을 정하는 축을 회전시켜도 물리법칙에 어떠한 변화도 없다는 것을 의미한다. 구체적으로, 3차원 공간에서 z축을 중심으로 회전시켜도 물리법칙에는 아무런 변화가 없다. 각운동량 보존 법칙의 일상적인 예로, 뜻밖에도 자전거가 있다. 우리가 자전거를 탈 때 왜 자전거가 쓰러지지 않을까? 여러 이유가 있겠지만, 가장 중요한 이유는 각운동량 보존 법칙 때문이다. 먼저, 바퀴가 회전하면 각운동량이 발생한다. 이 각운동량이 보존되려면 바퀴의 회전축이 바뀌면 안 된다. 그런데 자전거가 쓰러지면, 회전축도 바뀔 것이다. 그래서 달리는 동안에도 자전거가 서 있을 수 있는 것이다.

공간뿐만 아니라 시간도 대칭성을 지닐 수 있다. 시간의 병진 대칭성은 에너지 보존 법칙law of conservation of energy을 수반한다. 시간의 병진 대칭성이란, 시간의 기준을 바꾸어도 물리법칙에 어떠한 변화가 없다는 것을 의미한다. 구체적으로, 1만 년 전 과거의 물리법칙은 지금 이 순간의 물리법칙과 완전히 동일하며, 1만 년 후 미래의 물리법칙과도 완전히 동일할 것이다. 우리는 에너지 보존 법칙을 이용해 미래에 벌어질 많은 일들을 예측할 수 있다.

일반적으로, 공간이나 시간과 같이 연속적으로 변하는 변수에 대해 대칭성이 있으면 반드시 그에 대응해 보존되는 물리량이 존재한다. 이는 수학적으로 엄밀하게 증명되었는데, 바로 뇌터의 정리Noether's theorem다. 참고로, 이 정리는 독일의 수학자 에미 뇌터Emmy Noether에 의해 발견되었다.

그런데 대칭성은 자발적으로 깨질 수 있다. 그리고 대칭성이 자발적으로 깨진 다음에는 새로운 '질서'가 발생할 수 있다. 구체적인 예로, 2장에서 언급한 바와 같이 공간의 병진 대칭성이 깨지면 고체가 발생한다. (참고로, 시간의 병진 대칭성은 잘 깨지지 않는다.) 또 다른 예로, 공간의 회전 대칭성이 깨지면 자석이 발생한다. 이제부터는 자석의 예를 통해, 자발적 대칭성 깨짐을 자세히 분석해 보자.

자석이란 무엇인가? 자석이란 고체 안에 있는 작은 자석들의 집합이다. 이 작은 자석들은 기본적으로 전자의 스핀이 자기 모멘트magnetic moment를 지니기 때문에 발생한다. 어떤 물질이 일상적인 크기의 자석이 되려면, 이 작은 자석들이 서로 협력해야 한다. 다시 말해, 모든 스핀이 한 방향으로 정렬해야 한다. 이는 마치 행군하는 군인들이 발걸음을 칼같이 맞추는 것과 비슷하다.

그런데 가만히 생각해 보면, 공간의 모든 방향은 근본적으로 동일하다. 따라서 개별 스핀의 입장에서는 아무 방향이나 가리키는 것이 가능하다. 그러나 스핀들은 어떤 상호작용을 통해 한 방향으로 정렬한다. 이때 중요한 점은 스핀들의 상호작용이 원거리에서 이루어질 필요가 없다는 것이다. 각 스핀이 그것과 가장 인접한 스핀들하고만 상호작용 하는 경우를 생각해 보자. 이 상호작용은 가장 인접한 스핀들이 모두 같은 방향을 가리키면 에너지를 낮춘다. 즉, 개별 스핀은 자신에게 가장 인접한 스핀들하고만 방향을 정렬하려는 경향을 가진다. 이때 멀리 떨어진 스핀들과는 직접적으로 아무 관련도 없다.

그렇다면 이러한 경우에 멀리 떨어진 스핀들은 어떻게 서로 방향을 정렬할 수 있을까? 이유는 간단하다. 개별 스핀은 그것에 가장 인접한 스핀들과 방향을 정렬한다. 물론, 그 스핀들도 그것들에 가장 인접한 스핀들과 방향을 정렬한다. 이렇게 스핀들의 정렬이 연속적으로 이어지면, 전체 시스템의 스핀들은 모두 한 방향으로 정렬하게 된다.

이렇게 에너지만 고려하면 스핀은 항상 정렬된다. 하지만 시스템은 주어진 에너지에서 엔트로피를 최대화하려고 한다. 6장에서 보았듯이, 온도는 에너지와 엔트로피의 균형을 맞춘다. 즉, 시스템은 온도가 낮으면 에너지를 낮추는 방향으로 진화하고, 온도가 높으면 엔트로피를 높이는 방향으로 진화한다. 결론적으로, 온도가 어떤 임계 온도critical temperature보다 낮으면 스핀들이 정렬해서 자석이 발생하고, 그보다 높으면 스핀들이 개별적으로 무질서한 방향을 가리키게 되어 자석은 사라진다.

그런데 여기서 눈여겨보아야 할 점이 있다. 온도가 임계 온도보다 낮아져 스핀들이 정렬될 때, 실제로 정렬되는 방향은 미리 결정되어 있지 않다는 사실이다. 공간의 모든 방향은 동일하다. 즉, 공간은 회전 대칭성을 지닌다. 그런데 스핀들이 한 방향으로 정렬한다는 것은 회전 대칭성이 깨진다는 것을 뜻한다. 특히, 회전 대칭성이 외부 요인 없이 자발적으로 깨진다는 것을 의미한다. 이것이 바로 자발적 대칭성 깨짐이다.

자발적 대칭성 깨짐을 친숙하게 이해하기 위해, 재미있는 비유를 하나 생각해 보자. 남아프리카에는 미어캣이라는 동물이 산다. 미어캣은 땅속에 굴을 파고, 클랜이라는 무리를 단위로 생활한다. 미어캣은 포식자로부터 클랜을 보호하기 위해 돌아가며 보초를 선다. 미어캣은 멀리서 다가오는 포식자를 알아챌 정도로 소리에 민감하다. 그리고 무리 생활에서 협력이 필수적이기에, 주변 미어캣의 행동에도 굉장히 민감하다.

이제 어느 미어캣이 한 방향을 쳐다본다. 그 방향에 포식자가 있기 때문은 아니다. 그냥 우연히 쳐다본 것이다. 그런데 이 미어캣 주변의 다른 미어캣들도 이 친구를 따라 같은 방향을 쳐다본다. 이어서 그들 주변의 다른 미어캣들도 같은 방향을 보고, 또 그들 주변의 미어캣들도 같은 방향을 쳐다본다. 결국 미어캣들은 모두 한 방향을 쳐다보게 된다. 비유적으로, 자발적 대칭성 깨짐이 일어난 것이다.

이는 물론, 미어캣들이 서로에게 관심을 가지고 있을 때만 발생하는 현상이다. '온도'가 너무 높다면, 즉 '무질서도'가 높아서 서로가 서로에게 관심을 주지 않는다면, 미어캣들은 각각 아무 방향이나 쳐다볼 것이다. 이런 경우에는 미어캣 무리의 회전 대칭성이 깨지지 않을 것이다.

비유를 통해 이해하는 것은 재미있지만, 비유는 불가피하게 오해를 낳는다. 이제 비유에서 벗어나, 자발적 대칭성 깨짐을 너 엄밀하게 이해해 보자. 그러기 위해, 우리는 통계물리에서 가장 유명한 수학 모형 하나를 분석해 보고자 한다. 바로 이징 모형Ising model이다.

· · ·ˑ 이징 모형 ˑ· · ·

이징 모형은 겉으로는 매우 간단해 보이지만 놀라울 정도로 심오하다. 이징 모형은 자발적 대칭성 깨짐과 그것으로 야기되는 상전이에 대한 이론을 정립하는 데 지대한 영향을 미쳤다. 앞으로 펼쳐질 논의가 상당히 수학적이고 기술적이지만, 이징 모형을 정확히 이해하는 것은 5장에서 설명한 수소 원자의 슈뢰딩거 방정식을 이해하는 것만큼이나 매우 가치 있는 일이다. 부디 끈기를 가지고 따라와 주기를 바란다.

이징 모형에서는 상황을 최대한 간단하게 하기 위해 스핀이 연속적으로 회전하지 않고 단지 위나 아래 방향만 가리킬 수 있다고 가정한다. 수학적으로 말해, 이징 모형에서 스핀은 $s=\pm1$이라는 2개의 값만 가진다. 이때 +1은 위를 가리키는 스핀이고 −1은 아래를 가리키는 스핀이다. 콘웨이의 생명 게임과 비슷하게, 이 스핀들은 격자 위의 셀에 놓여 있으며 가장 인접한 셀의 스핀들과 상호작용 한다. 구체적으로, 이징 모형의 에너지, 엄밀하게 해밀토니언은 다음과 같다.

$$H = -J \sum_{\langle i,j \rangle} s_i s_j$$

여기서 s_i와 s_j는 각각 i와 j번째 셀에 위치하는 스핀 값이다. $\langle i, j \rangle$는 i와 j번째 셀이 가장 인접한 이웃일 때만 합을 취한다는 것을 의미한다. J는 가장 인접한 이웃 스핀들이 같은 방향을 가리킬 때와 반대 방향을 가리킬 때의 에너지 차이를 나타낸다. 전문적으로, J는 '스핀 결합 상수spin coupling constant'라고 불린다. 여기서는 스핀들이 같은 방향을 가리키는 것을 선호하는 경향, 즉 자석을 묘사하기 위해 J를 양수로 정한다.

이해를 돕기 위해, 1부터 9까지 총 9개의 셀이 정사각형 모양의 격자를 이루는 이징 모형을 생각해 보자. 더 구체적으로, 다음과 같은 정사각형을 이룬다고 하자.

s_7	s_8	s_9
s_4	s_5	s_6
s_1	s_2	s_3

이 경우에 이징 모형의 해밀토니언은 다음과 같다.

$$H = -J(s_1 s_2 + s_1 s_4 + s_2 s_3 + s_2 s_5 + s_3 s_6 + s_4 s_5 \\ + s_4 s_7 + s_5 s_6 + s_5 s_8 + s_6 s_9 + s_7 s_8 + s_8 s_9)$$

여기서 알 수 있듯이, 이징 모형의 에너지는 각 셀에 위치한 스핀 값에 따라 결정된다. 다시 말해, 이징 모형의 에너지는 스핀의 패턴이 주어지면 결정된다. 잘 생각해 보면, 9개의 셀로 이루어진 이징 모형에서 가능한 스핀 패턴의 총 개수는 2^9이다. 일반적으로 셀의 개수가 N이라면 가능한 스핀 패턴의 총 개수는 2^N이다.

이제 스핀 패턴을 1번부터 2^N번까지 번호를 붙여 쭉 나열해 보자. 이 상황에서 어떤 주어진 스핀 패턴, 예를 들어 n번째 스핀 패턴이 에너지 ϵ_n을 가진다고 하면, 그 스핀 패턴이 발생할 확률은 다음과 같다.

$$P_n = \frac{1}{Z} e^{-\epsilon_n / k_B T}$$

여기서 Z는 분배 함수이며, 다음과 같이 정의된다.

$$Z = \sum_n e^{-\epsilon_n / k_B T}$$

이 공식은 6장에서 배웠다. 이는 다름 아닌 바른틀 앙상블을 나타내는 볼츠만 분포 공식이다. 자, 이제 우리는 볼츠만 분포를 이용해 무엇을 할 수 있을까? 예를 들어, 우리가 주어진 위치, i번째 셀에 위치하는 스핀의 평균값을 알고자 한다고 해보자. 이 값을 알려면, 다음과 같은 양을 계산하면 된다.

$$\langle s_i \rangle = \sum_n s_i^{(n)} P_n$$

여기서 $s_i^{(n)}$은 n번째 스핀 패턴에서 i번째 셀에 위치한 스핀 값이다. 그런데 모든 셀은 동등하므로, 스핀의 평균값은 위치에 상관없이 일정할 것이다. 이 경우에 스핀의 평균값은 공간에 대해 평균을 다시 취해도 마찬가지일 것이다.

$$m = \frac{1}{N} \sum_i \langle s_i \rangle$$

여기서 m은 공간에 걸쳐서 일정한 스핀의 평균값이다. 따라서 m이 0이면 스핀이 정렬되지 않은 무질서 상태이고, 0이 아니면 스핀이 정렬된 질서 상태다. 그래서 m은 질서의 정도를 재는 양, 즉 '질서 변수order parameter'라고도 불린다. 결론적으로, 우리는 볼츠만 분포를 이용해 스핀의 평균값, 즉 질서 변수를 계산할 수 있다.

자, 이제 질서 변수를 실제로 계산하는 과정을 보자. 먼저, 질서 변수를 계산하는 데 매우 편리한 개념 하나를 알아두는 것이 유용한데, 바로 란다우 자유에너지^{Landau free energy}라는 개념이다. 란다우 자유에너지는 기본적으로 6장에서 보았던 헬름홀츠 자유에너지와 비슷하다. 기억을 되살려 보면, 헬름홀츠 자유에너지는 에너지와 엔트로피의 적절한 합이고, 온도는 그 둘의 균형을 조절하는 변수다. 그런데 헬름홀츠 자유에너지 A는 분배 함수에 다음과 같이 연결된다.

$$e^{-A/k_B T} = Z$$

이 공식은 다음과 같이 고쳐 쓸 수 있다.

$$A = -k_B T \ln Z$$

막간의 물리학 강의) **헬름홀츠 자유에너지와 분배 함수**

헬름홀츠 자유에너지는 기본적으로 에너지와 엔트로피의 합이다.

$$A = E - TS$$

반면, 헬름홀츠 자유에너지는 분배 함수에 다음과 같이 연결된다.

$$A = -k_B T \ln Z$$

여기서 우리는 앞의 두 공식이 서로 일치한다는 것을 증명하고자 하는데, 그 증명은 엔트로피 공식에서 시작한다.

$$S = -k_B \sum_n P_n \ln P_n$$

이제 P_n에 볼츠만 인자를 적절히 대입해 정리하면, 다음과 같은 결론을 얻는다.

$$\frac{S}{k_B} = -\frac{1}{Z} \sum_n e^{-\epsilon_n/k_B T} \ln\left(\frac{e^{-\epsilon_n/k_B T}}{Z}\right)$$

다시 한번 정리하면 다음과 같다.

$$\frac{S}{k_B} = \frac{1}{k_B T}\left(\frac{1}{Z} \sum_n \epsilon_n e^{-\epsilon_n/k_B T}\right) + \ln Z$$

여기서 우변의 괄호에 담긴 양은 에너지다. 이를 이용하면, 우리는 원하는 결론에 이른다.

$$A = -k_B T \ln Z = E - TS$$

정리하면, 헬름홀츠 자유에너지는 기본적으로 분배 함수에 로그를 취한 값이다. 질서 변수는 헬름홀츠 자유에너지를 최소화하면 결정된다. 문제는 헬름홀츠 자유에너지가 명시적으로 질서 변수의 함수로 표현되지 않는다는 점이다. 간단히 말해, 란다우 자유에너지는 질서 변수의 함수로 표현된 헬름홀츠 자유에너지다. 이제 우리가 해야할 일은 어떻게 해서든 분배 함수를 질서 변수의 함수로 표현한 다음, 그것에 로그를 취함으로써 란다우 자유에너지를 구하는 것이다.

그러나 불행히도, 일반적으로 분배 함수를 정확하게 구하는 것은 쉽지 않다. 2차원 사각 격자 위의 이징 모형의 경우, 분배 함수는 라르스 온사게르Lars Onsager라는 물리학자에 의해 정확하게 구해졌다. 하지만 온사게르의 해를 구하는 과정은 매우 복잡해서 여기서 자세하게 설명할 수는 없다. 게다가 차원이 2차원보다 높거나 사각 격자가 아닌 시스템의 이징 모형의 경우에, 분배 함수는 수치적으로만 구해진다. 이렇게 정확하게 구하는 데 한계가 있으므로, 적절한 근사 방법이 있으면 유용할 것이다.

이제 우리는 비교적 쉽지만 굉장히 유용한 근사 방법인, 평균장 이론mean field theory을 알아볼 것이다. 앞으로 보겠지만, 평균장 이론은 우리에게 매우 강력한 직관을 가져다준다.

지금부터 자세하게 설명할 평균장 이론은 상당히 기술적이다. 하지
만 글쓴이를 한번 믿어보시라. 시간을 들여 평균장 이론을 꼼꼼히 이
해하고 나면, 세상에 대한 새로운 관점을 얻을 것이다.

우리가 지금 관심을 기울이고 있는 이징 모형의 경우에, 평균장 이
론은 스핀 값을 평균값과 그것에서 벗어나는 편차^{deviation}, 이렇게 두
부분으로 가르는 일부터 시작된다. 즉,

$$s_i = m + (s_i - m)$$

여기서 m은 스핀의 평균값이다. 이 공식은 지나칠 정도로 단순하
다. 조금 더 나아가 보자. 즉, 가장 인접한 두 스핀이 가지는 스핀 값
의 곱을 비슷하게 전개해 보자.

$$s_i s_j = [m + (s_i - m)][m + (s_j - m)]$$
$$= m(s_i + s_j) - m^2 + (s_i - m)(s_j - m)$$

여기서 맨 마지막 항은 평균값에서 벗어나는 편차가 두 번 곱해진
양으로, 이 항을 무시해도 크게 문제는 없다.

$$s_i s_j \simeq m(s_i + s_j) - m^2$$

이것이 바로 평균장 이론이다. 이러한 근사 아래 평균장 해밀토니언을 계산하면 다음과 같다.

$$H_{MF} = -Jzm \sum_i s_i + \frac{1}{2}NJzm^2$$

여기서 z는 가장 인접한 이웃의 수다. 따라서 2차원 사각 격자의 경우라면 $z=4$다. 이 공식이 말해주는 바는 평균장 이론이란 각 스핀에 가장 인접한 다른 모든 스핀들의 값을 스핀의 평균값으로 치환하는 근사 방법이라는 것이다. 이제 평균장 이론에서 얻어지는 분배 함수는 다음과 같다.

$$Z_{MF} = \sum_{s_1=\pm1} \sum_{s_2=\pm1} \cdots \sum_{s_N=+1} e^{-\beta H_{MF}}$$

여기서 다중 합은 모든 셀에 위치한 스핀 값을 ±1로 바꾸어가며 발생 가능한 모든 스핀 패턴에 대해 볼츠만 인자를 모두 더한다는 것을 의미한다. 구체적으로, 앞서 구한 평균장 해밀토니언을 이 공식에 집어 넣으면 분배 함수는 다음과 같이 정리된다.

$$Z_{MF} = e^{-\beta NJzm^2/2} \sum_{s_1=\pm1} \sum_{s_2=\pm1} \cdots \sum_{s_N=\pm1} e^{\beta Jzm \sum_i s_i}$$

처음 보기에, 이 공식은 계산하는 것이 어려울 듯하다. 그런데 사실, 난해한 기호들의 나열로 보이는 이 공식은 기본적으로 간단한 덧

셈에 불과하다. 즉, 곰곰이 생각해 보면, 이 공식에서 나오는 다중 합은 개별 셀에 위치한 스핀의 값에 대해 각각 합을 취하고, 그 합을 셀의 수만큼 곱하는 것과 같다. 다시 말해, 다중 합은 다음과 같이 깔끔히 정리된다.

$$\sum_{s_1=\pm 1}\sum_{s_2=\pm 1}\cdots\sum_{s_N=\pm 1} e^{\beta Jzm\sum_i s_i} = \left(\sum_{s=\pm 1} e^{\beta Jzms}\right)^N$$

결론적으로, 평균장 분배 함수 Z_{MF}는 다음과 같다.

$$Z_{MF} = e^{-\beta NJzm^2/2}[2\cosh(\beta Jzm)]^N$$

여기서 이른바 '쌍곡 코사인$^{\text{hyperbolic cosine}}$'으로 불리는 $\cosh x$는 다음과 같이 정의된다.

$$\cosh x = \frac{e^x + e^{-x}}{2}$$

앞서 설명했듯이, 란다우 자유에너지는 헬름홀츠 자유에너지와 비슷하게 분배 함수에 로그를 취한 값이다.

$$e^{-F_L} = Z_{MF}$$

다시 말해, 란다우 자유에너지 F_L는 분배 함수에 로그를 취한 값으로 다음과 같다.

$$F_L = -\ln Z_{MF}$$

이제 여기서 구해진 평균장 분배 함수를 이용해서 스핀 하나마다 란다우 자유에너지 $f_L = F_L/N$ 을 계산하면 다음과 같다.

$$f_L = -\frac{1}{N}\ln Z_{MF} = \frac{1}{2}\beta Jzm^2 - \ln[2\cosh(\beta Jzm)]$$

여기서 새로운 질서 변수 $\phi = \beta Jzm$ 을 정의하면 란다우 자유에너지를 다음과 같이 다시 쓸 수 있다.

$$f_L = \frac{1}{2}\frac{\phi^2}{\beta Jz} - \ln(2\cosh\phi)$$

이제 논의의 편의를 위해서 란다우 자유에너지를 새로운 질서 변수 ϕ 가 작다는 가정하에 다음과 같이 전개할 수 있다.

$$f_L \simeq \frac{t}{2}\phi^2 + \frac{1}{12}\phi^4$$

여기서 환원된 온도^{reduced temperature} t 는 다음과 같이 정의된다.

$$t = \frac{T - T_c}{T_c}$$

여기서 임계 온도 T_c는 다음과 같이 정의된다.

$$T_c = Jz/k_B$$

이제 질서 변수, 즉 스핀의 평균값은 f_L이 ϕ의 함수에 대해 최소화되는 조건으로부터 구할 수 있다. 쉽게 말해, 란다우 자유에너지는 일종의 퍼텐셜 에너지다. 란다우 자유에너지가 최소화되는 조건은 다음과 같다.

$$\frac{df_L}{d\phi} \simeq t\phi + \frac{1}{3}\phi^3 = 0$$

여기서 t가 양수라면, 단 1개의 해인 $\phi=0$가 존재한다. t가 음수라면, 3개의 해가 존재한다.

$$\phi = 0, \pm\sqrt{-3t}$$

이 해들의 성질은 란다우 자유에너지 f_L을 직접 그려보면 명확해진다. 그림 17에서 볼 수 있듯이, 란다우 자유에너지는 t의 부호에 따라 그 모양을 바꾼다. 즉, 란다우 자유에너지의 함수 모양은 t가 양수이면 단일 우물single well 구조를 보이고, t가 음수이면 이중 우물double well 구조를 보인다. 참고로, 이중 우물 구조를 지니는 퍼텐셜 에너지는 '멕시코 모자 퍼텐셜Mexican hat potential'이라고 불린다. 멕시코 모자

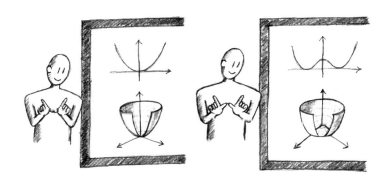

자발적 대칭성 깨짐을 보여주는 란다우 자유에너지.
(왼쪽) 단일 우물 구조. (오른쪽) 이중 우물 구조 또는 멕시코 모자.

의 단면이 이중 우물 구조처럼 생겼기 때문이다. 그러나 나중에 살펴볼 초전도체에서는, 란다우 자유에너지가 정말로 멕시코 모자처럼 생겼다.

구체적으로, t가 음수일 때 얻어지는 $\phi=0$인 해는 퍼텐셜 에너지의 국소 최대점local maximum이다. 따라서 언덕 위에 올려진 돌이 살짝만 건드려도 언덕 아래로 굴러떨어지기 쉬운 것처럼, 이 해는 불안정하다. 안정적인 해는 퍼텐셜 에너지의 최소점minimum이 되는 해, 즉 $\phi=\pm\sqrt{-3t}$ 다.

지금까지 이징 모형을 평균장 이론으로 풀어본 결과를 정리해 보자. 온도가 임계 온도보다 낮으면 질서 변수, 즉 스핀의 평균값이 0이 아닌 해가 존재할 수 있다. 이 해는 모든 스핀이 위 또는 아래 방향을 가리키는 2개의 해 가운데 하나로서, 이 가운데 실제로 어떤 해가 선택되는지는 자발적 대칭성 깨짐으로 결정된다.

다시 한번 강조하지만, 개별 스핀에 대해 위와 아래 방향은 동일하다. 하지만 이러한 위아래 대칭성은 스핀 사이의 협력을 통해 자발적으로 깨질 수 있다. 그리고 한번 깨진 대칭성은 퍼텐셜 에너지의 이중 우물 구조로 인해 안정적으로 유지된다.

· ·· 관계의 길이 ·· ·

스핀들은 서로 협력해 자발적으로 위아래 대칭성을 깨뜨릴 수 있다. 이제 구체적으로 스핀들이 어떻게 협력하는지를 알아보자. 그러기 위해서는 상관관계를 정량화하는 함수, 즉 상관 함수$^{correlation\ function}$에 대해 알아야 한다.

이징 모형의 경우에, 상관 함수는 어떤 위치에 있는 한 스핀이 어느 한 방향을 가리킬 때 특정 거리를 두고 떨어져 있는 다른 스핀이 같은 방향을 가리킬 확률을 재는 양이다. 구체적으로, 상관 함수는 다음과 같이 정의된다.

$$G(\mathbf{r}_i - \mathbf{r}_j) = \langle s_i s_j \rangle - \langle s_i \rangle \langle s_j \rangle$$

여기서 $\mathbf{r}_i$와 $\mathbf{r}_j$는 i와 j번째 셀의 위치를 표시하는 벡터다. 여기서 서로 떨어진 두 스핀 변수의 곱의 평균은 다음과 같이 주어진다.

$$\langle s_i s_j \rangle = \frac{1}{Z} \sum_n s_i^{(n)} s_j^{(n)} e^{-\beta \varepsilon_n}$$

참고로, 상관 함수의 정의에서 우변의 두 번째 항은 질서 상태의 경우에 스핀들이 평균적으로 같은 방향을 가리키므로 이러한 평균값의 효과를 적절하게 빼기 위해 도입되었다.

아쉽게도 자세한 유도 과정을 기술할 수는 없지만, 평균장 이론을 사용해 두 스핀 사이의 거리가 충분히 먼 경우에 상관 함수를 계산하면 그 결과는 다음과 같다.

$$G(r) \simeq \frac{1}{r^{d-2}} e^{-r/\xi}$$

여기서 r은 두 스핀 사이의 거리이고, d는 차원을 나타내는 수다. 이 공식에서 가장 중요한 정보를 지닌 양은 ξ로, 두 스핀이 서로 영향을 미치는 거리를 결정하는 길이 척도다. 전문적으로는, 이 길이 척도를 '상관 길이correlation length'라고 한다.

이 상관 함수가 말해주는 바는 다음과 같다. 어떤 거리를 두고 떨어진 2개의 스핀이 같은 방향을 가리킬 확률은 상관 길이를 기준으로 지수 함수적으로 줄어든다. 다시 말해, 두 스핀 사이의 거리가 상관 길이보다 짧으면 같은 방향으로 정렬할 확률이 크고, 상관 길이보다 길면 그 확률이 작다. 구체적으로, 평균장 이론에서 상관 길이는 온도의 함수로 다음과 같이 주어진다.

$$\xi \sim \frac{1}{\sqrt{|t|}} = \sqrt{\frac{T_c}{|T - T_c|}}$$

이 공식에 따르면, 온도가 임계 온도에 접근하면 상관 길이가 무한대로 발산한다. 즉, 임계 온도에서는 스핀들이 서로 아무리 멀리 떨어져 있어도 긴밀한 상관 관계를 가진다. 다시 말해, 상전이가 일어나는 임계점critical point에서는 모든 스핀들이 서로 협력한다.

이해를 돕기 위해 다시 비유를 들어보자. 이번 비유는 야생이 아닌 사회현상에서 나온다. 초기에 어떤 무질서한 사회가 있다고 해보자. 이 사회는 '온도'가 높아서 사회 구성원들이 서로 협력하지 않고 각자 무질서하게 행동한다. 사회의 개별 구성원은 사회의 규범, 즉 대칭성을 깨지 않으며 살아간다. 이제 온도가 서서히 내려가면서 사회의 큰 변혁을 앞두게 되면, 사회 구성원들의 상관 관계는 점점 더 멀리 퍼질 수 있게 된다. 사회가 점점 하나의 통일된 집단으로 행동하게 되는 것이다. 그리고 드디어 사회에 큰 변혁이 일어나는 시점, 즉 임계점에 도달하면 모든 사회 구성원은 서로 협동한다. 이로써 개별 구성원들의 집단은 그동안 깰 수 없었던 대칭성을 무너뜨린다.

임계점에서 상관 길이가 발산하는 것은 연속 상전이continuous phase transition라는 일반적인 상전이 현상에서 언제나 사실이다. 하지만 온도가 임계 온도에 가까워질 때 상관 길이가 구체적으로 발산하는 정도는 주어진 모형의 세부 성질에 의존한다. (앞서 보았듯이, 평균장 이론에서는 임계 온도에 가까워지면 상관 길이가 온도의 제곱근의 역수로 발산한다.) 상관 길이가 임계점 근처에서 발산하는 정도는 임계 지수critical exponent에 의해 규정된다. 수학적으로, 상관 길이의 임계 지수 ν는 다음과 같이 정의된다.

$$\xi \sim \frac{1}{|t|^\nu}$$

평균장 이론에서는 $\nu=1/2$이다. 평균장 이론을 벗어나 정확한 값을 구하게 되면, ν는 격자의 차원에 의존한다. 구체적으로, 2차원 격자 위에 올려진 이징 모형의 경우에는 $\nu=1$이고, 3차원 격자 위에 올려진 이징 모형의 경우에는 $\nu\approx0.64$다.

다시 한번 강조하지만, 임계 현상의 가장 핵심적인 성질은 임계점에서 상관 길이가 발산한다는 것이다. 이는 임계점에 도달하면 모든 물리량에서 길이 척도가 사라진다는 것을 의미힌다. 수학적으로 말해서, 이는 모든 물리량이 상관 길이와 비슷하게 먹법칙power law을 따른다는 것을 의미한다. 예를 들어, 질서 변수는 임계점 근처에서 다음과 같이 기술된다.

$$\phi \sim (-t)^\beta$$

평균장 이론에서 $\beta=1/2$이다. 정확하게는, 2차원 이징 모형의 경우에 $\beta=1/8$이고, 3차원 이징 모형의 경우에 $\beta\approx0.33$이다.

이쯤에서 재미있는 일이 발생한다. 지금까지 우리는 이징 모형을 분석했다. 그런데 겉으로는 이징 모형과 전혀 다르게 보이는 다른 모형에서, 임계 온도는 다를지라도 임계 지수가 이징 모형과 정확히 같아지는 일이 종종 발생한다. 이상하게도, 모형의 세부 사항이 임계 지수에 전혀 영향을 미치지 않는 것이다. 즉, 그 안에 속하는 모형들이 모두 같은 임계 지수를 지니는 일종의 보편적인 부류universality class가 있다. 정리하자면,

> 상전이는 겉보기에는 굉장히 복잡하지만,
> 그 안에는 매우 보편적인 성질이 숨어 있다.

어떻게 그럴 수 있을까? 아쉽지만 여기서 이 질문에 대한 답을 자세하게 설명할 수는 없다. 이 질문에 답하는 과정은 물리학의 역사에서 매우 극적이고 흥미로운 장을 장식했다. 최대한 간략하게, 큰 줄거리만 알아보자.

앞서 보았듯이, 상관 길이는 임계점에서 발산한다. 이는 모든 물리량에서 길이 척도가 사라진다는 것을 의미한다. 달리 말해, 길이를 바꾸어도 물리가 변하지 않는다는 것을 뜻한다. 여기서 길이를 바꾼다는 것의 의미를 조금 더 자세히 들여다보기 위해, 우화를 하나 상상해 보자.

SF 영화에서 자주 나오는 기계가 있다. 축소 광선 또는 확대 광선이다. 이런 영화의 줄거리는 축소 광선을 맞아 축소된 주인공들이 원래 크기의 세상에서 다양한 모험을 이어가는 것이다. 그런데 만약 모

험을 떠난 축소된 주인공들이 자신들에게 적합한 크기의 세상에 도달했는데, 그 세상이 축소되기 이전의 세상과 정확히 똑같이 생긴 세상이라면 어떤 일이 벌어질까? 축소되기 전에는 몰랐지만, 작은 규모에서 우리와 똑같이 생긴 사람들이 살아가는 작은 세상이 이미 존재하고 있던 것이다!

SF 영화 이야기를 시작한 김에, 재미있는 줄거리를 하나 상상해 보자. 모험을 떠난 축소된 주인공들의 말이 사실인지 검증하기 위해, 우리도 축소 광선을 맞고 작은 세상을 향해 떠난다. 그리고 마침내 작은 세상에 도착한다. 그런데 작은 세상은 전체적으로 원래 세상과 똑같기는 하지만, 무언가가 조금 다르다. 작은 세상 사람들 사이의 관계가 우리보다 조금 더 끈끈한 것이다. 어찌 보면, 우리보다도 더 인간적인 셈이다.

그런데 이 작은 세상에 원인을 알 수 없는 외부 환성의 변화가 일어난다. 그러자 갑자기 작은 세상 사람들은 전보다 더욱더 친밀하게 협동하기 시작한다. 심지어 서로 알지 못했던 사람들끼리도 협동한다. 관계의 폭이 넓어진 것이다. 그러다 어느 순간, 작은 세상 사람들이 모두 협동하며 하나의 집단처럼 행동하는 특별한 일이 일어난다. 이른바 '임계점'에 도달한 것이다.

갑작스러운 이러한 변화에 놀라, 우리는 확대 광선을 작동시켜 원래 세상으로 돌아온다. 아니, 그런데 이럴 수가! 이제 원래 세상 사람들도 서로 협동하며 하나의 집단으로 행동하는 것이 아닌가! 놀랍지 않은가? 그런데 이렇게 길이를 바꾸어도 모든 세상이 똑같아 보이는 특별한 상황이 다름 아닌 임계 현상이다.

다시 이징 모형으로 돌아가 보자. 임계점 근처에서는 스핀들이 긴밀하게 협력하기 때문에, 어느 범위 안에 있는 인접한 스핀들은 어느 정도 하나의 통일된 스핀으로 볼 수도 있을 것이다. 이러한 직관에 기반해, 인접한 스핀들 가운데 서로 가까운 스핀들을 몇 개씩 뽑아 그룹으로 묶어보자. 그러면 전문적으로 '블록 스핀block spin'이라고 불리는 스핀들의 그룹을 얻는다. 그리고 블록 스핀을 대표하는 스핀 값이 그 안에 담긴 스핀들의 평균값이라고 정하자. 이렇게 원래 스핀들을 블록 스핀으로 치환하는 것은 마치 평균을 취해 작은 규모에서 발생하는 요동을 없애버리는 것과 같다. 다시 말해, 길이 척도를 바꾸는 것이다.

일반적으로, 길이 척도를 바꾸기 전과 후의 해밀토니언(엄밀히 말해, 해밀토니언을 온도로 나눈 양)은 매우 다르게 생겼다. 즉, 블록 스핀을 기술하는 해밀토니언은 원래 스핀을 기술하는 해밀토니언과는 일반적으로 매우 다르다. 그런데 이 두 해밀토니언이 똑같아지면 어떤 상황이 발생할까? 바로 길이 척도를 바꾸어도 세상이 똑같아 보이는 일이 일어난다.

설명을 덧붙이자면, 이징 모형에서 스핀 결합 상수는 해밀토니언을 규정한다. 일반적으로, 이와 같이 해밀토니언을 규정하는 계수들은 길이 척도의 변화에 따라 일종의 흐름을 가지고 변형된다. 임계점은 이러한 흐름 속에서도 계수들이 변하지 않고 고정되는 점이다. 그리고 놀랍게도 임계점 주변에서 발생하는 계수들의 흐름은 상당히 보편적인 구조를 지닌다. 이러한 보편적인 구조가 앞서 언급한 상전이의 보편적인 부류를 결정하는 것이다.

이 글을 읽는 전문적인 물리학자는 조금 답답했을 것이다. 앞에서 설명한 상전이 이론의 이름을 아직까지 밝히지 않았기 때문이다. 길이 척도의 변환에 관한 불변성과 이를 통해 상전이를 설명하는 이론에는 특별한 이름이 붙어 있다. 바로 '재규격화군 이론renormalization group theory'이다.

· ·•· 초전도 현상 ·•· ·

대칭성은 자발적으로 깨질 수 있다. 예를 들어, 공간의 회전 대칭성이 깨지면 자석이 발생한다. 특별한 상황이 벌어진 것이기는 하시만, 믿기 힘든 일은 아니다. 그런데 물리법칙 가운데 절대로 깨지지 않을 듯한 보존 법칙이 하나 있다. 바로 전하량 보존 법칙conservation law of electrical charge이다. 근본적으로, 전하량 보존 법칙은 게이지 대칭성의 결과다. 따라서 게이지 대칭성이 깨진다는 것은 있을 수 없는 일로 보인다. 그런데 있을 법하지 않은 이 일이 실제로 발생한다. 이 현상은 초전도 현상superconductivity으로 알려져 있다.

초전도 현상이란 무엇인가? 전기 저항이 정확히 0이 되는 현상이다. 초전도 현상이 일어나는 물질인 초전도체 안에서는 전류가 한번 흐르기 시작하면 멈추지 않고 영원히 흐른다. 어떻게 이렇게 이상한 일이 발생할 수 있을까? 이를 이해하기 위해서는 이와 밀접한 다른 현상, 바로 초유체 현상superfluidity을 먼저 살펴보는 것이 도움이 된다.

헬륨은 보통 기체다. 이러한 헬륨도 온도를 충분히 낮추면 액화된다. 그런데 액체 헬륨의 행동 방식은 매우 특이하다. 엄밀히 말해, 헬륨은 헬륨-4와 헬륨-3라는 2개의 동위원소를 가지고 있는데, 이 가운데 헬륨-4가 액체가 될 때 초유체 현상이 나타난다. (헬륨-3도 충분히 낮은 온도에서는 초유체 현상을 보인다.)

초유체superfluid는 초전도체와 비슷하게 한번 흐르기 시작하면 멈추지 않고 계속 흐른다. 예를 들어, 액체 헬륨-4를 그릇에 담는다고 해보자. 보통의 액체라면 액체 헬륨-4는 그릇 안에 가만히 담겨 있을 것이다. 하지만 액체 헬륨-4는 보통의 액체가 아니다. 그릇은 어찌 보면 액체의 흐름을 방해하는 하나의 장벽이지만, 초유체인 액체 헬륨-4의 흐름은 어떠한 장벽으로도 막을 수 없다. 약간의 요동으로 아주 조금이라도 흐르기 시작하면, 초유체는 그릇의 안쪽 벽을 타고 올라가 그릇 밖으로 흘러나올 수 있다. 이렇게 그릇의 안쪽 벽에 생기는 초유체의 얇은 필름을 '롤린 필름Rollin film'이라고 한다. 그리고 입구가 좁은 병에 담긴다면, 초유체는 아예 분수처럼 분출될 수도 있는데, 이러한 현상은 '분수 효과fountain effect'라고 한다.

초유체 현상이 생기는 이유는 궁극적으로 보손이 따르는 보스-아인슈타인 통계Bose-Einstein statistics 때문이다. 헬륨-4는 보손이다. 보손은 온도가 충분히 낮으면 시스템 안에 있는 모든 보손이 에너지가 가장 낮은 단 하나의 상태로 응축condensation될 수 있다. 이때 주목할 점은 파동 함수의 위상까지 단 하나로 고정된다는 것이다. 이렇게 거시적으로 큰 수의 보손들이 위상까지 고정된 단 하나의 상태로 욱여넣어지는 현상을 '보스–아인슈타인 응축Bose-Einstein condensation'이라고 한다.

당연하게도, 단 한 가지 상태의 가짓수는 1이다. 따라서 초유체는 엔트로피가 정확히 0인 상태다. 초유체는 거시적으로 큰 수의 보손들이 아무런 요동 없이 마치 한 덩어리처럼 흐르는 유체인 것이다.

다만, 초유체 현상이 생기려면 보스–아인슈타인 응축과 더불어 한 가지 조건이 더 필요하다. 초유체에 속한 보손들이 외부 장애물과 충돌했을 때 들뜬 상태가 되어 보스–아인슈타인 응축 상태를 이탈하지 않아야 한다. 다시 말해, 외부의 자극에 반응하지 않아야 한다. 구체적으로, 초유체의 경우에도 일반적인 유체와 비슷하게 에너지가 가장 적게 드는 들뜬 상태는 소리, 즉 음파sound wave다. 따라서 외부 장애물이 음파를 발생시킬 정도로 자극하지 않는 이상, 초유체는 아무 문제 없이 한 덩어리로 흐를 수 있다.

초전도체 현상은 초유체 현상과 비슷하다. 따라서 초전도 현상이 일어나려면, 전자들이 한 덩어리로 응축되어야 한다. 그런데 여기에 심각한 문제가 있다. 전자는 보손이 아니라 페르미온이기 때문이다. 페르미온은 페르미–디랙 통계Fermi-Dirac statistics를 따른다. 즉, 페르미온은 하나의 양자 상태에 1개씩만 들어갈 수 있다. 따라서 전자들은 각각 자신의 양자 상태를 차지하고 다른 전자들이 들어오는 것을 밀어내려고 한다. 그런데 이렇게 되면, 전자들의 충돌로 인해 들뜬 상태가 되는 전자가 반드시 생긴다. 그리고 이러한 들뜬 전자는 결국 에너지를 열의 형태로 잃어버리며 다시 밑으로 떨어진다. 이러한 과정을 통해 전자들은 점점 운동 에너지를 잃고 전류는 줄어든다.

따라서 초전도체가 발생하려면, 전자들이 어떤 방법으로든 보손으로 변신해야 한다. 그런데 그 방법은 예상보다 어렵지 않다. 2개의 전자가 결합해 하나의 쌍을 이루면 되기 때문이다. 일반적으로, 짝수 개의 페르미온이 서로 결합하면 보손과 비슷하게 행동할 수 있다. 이렇게 2개의 전자로 이루어진 결합 상태를, 처음 그 아이디어를 낸 물리학자 레온 쿠퍼Leon Cooper의 이름을 따서 '쿠퍼 쌍Cooper pair'이라고 부른다. 간단히 말해서, 초전도 현상은 쿠퍼 쌍이 이루는 보스-아인슈타인 응축이다.

다만, 아직 한 가지 확인할 것이 있다. 쿠퍼 쌍이 이루는 보스-아인슈타인 응축 상태가 외부 자극에 민감하게 반응하지 않을 수 있을까? 다행히도 그렇다. 초전도체의 들뜬 상태는 바닥 상태로부터 유한한 에너지 간격으로 분리되어 있다. 따라서 외부 자극의 세기가 이 에너지 간극보다 약하면, 초전도체는 안정적으로 유지된다.

정리해 보자. 초전도체는 전자가 쿠퍼 쌍을 이루어 보스-아인슈타인 응축을 하는 물질 상태다. 보스-아인슈타인 응축이 일어나려면, 쿠퍼 쌍을 기술하는 파동 함수가 그 크기뿐만 아니라 위상까지도 하나로 고정되어야 한다.

잠깐! 파동 함수의 위상은 임의로 바꿀 수 있지 않은가? 게이지 대칭성의 원리에 따르면, 파동 함수의 위상은 임의로 변환되어도 어떠한 물리적인 차이도 발생시키지 않는다. 그런데 바로 이 파동 함수의 위상이 초전도체에서는 하나로 고정되어 더 이상 바꿀 수 없게 된다. 즉, 게이지 대칭성은 초전도체에서 깨진다.

앞서 언급했듯이, 게이지 대칭성이 깨지면 전하량 보존 법칙이 무너진다. 여기서 그 이유를 자세하게 설명할 수는 없지만, 산난히 설명하자면, 입자의 개수와 파동 함수의 위상 사이에 위치와 운동량 사이의 불확정성 원리와 비슷한 불확정성 원리가 성립하기 때문이다. 즉, 파동 함수의 위상이 하나로 고정되면 입자의 개수가 확정되지 않는다. 결국, 초전도체에서는 전하량이 보존되지 않는다.

놀랍지 않은가? 이어지는 절에서는 이토록 놀라운 초전도체를 기술하는 이론을 조금 더 구체적으로 알아볼 것이다.

·∴· BCS 이론 ·∴·

초전도 현상은 믿기 힘들 만큼 이상하다. 이렇게 이상한 현상을 설명하기 위해서는 매우 정밀하고 창의적인 이론이 필요하다. 다행히 우리는 그러한 미시적인 이론을 알고 있다. 바로 바딘-쿠퍼-슈리퍼Bardeen-Cooper-Schrieffer, BCS 이론이다. (엄밀히 말해, 초전도체에는 고온 초전도체high-temperature superconductor라는 임계 온도가 높은 초전도체가 있는데, 고온 초전도체를 성공적으로 기술하는 이론은 아직 없다.)

초전도체는 네덜란드 레이던대학교의 카메를링 오너스Kamerlingh

Onnes에 의해 1911년에 처음 발견되었다. 당시 오너스는 자신이 개발한 헬륨 액화 기술을 사용해 물질이 저온에서 어떻게 행동하는지를 연구하고 있었다. 특히, 어느 날 낮은 온도에서 수은의 저항을 측정하다가, 절대 온도 4켈빈 정도에서 갑자기 저항이 0으로 떨어지는 것을 발견했다. 이 현상은 매우 놀라워, 물리학자들 사이에서 그 현상 아래 무언가 굉장히 중요한 원리가 숨어 있다는 공감대가 곧바로 형성되었다. 오너스는 이 발견으로 1913년 노벨 물리학상을 받았다.

그러나 이 놀라운 현상을 설명하기는 매우 어려웠다. 아직 양자역학이 완벽하게 정립되기도 전이었기 때문이다. 슈뢰딩거 방정식이 1926년에야 처음 제안되었다는 점을 기억하라. 인류는 초전도체를 이해하기 위해 1957년까지 46년을 더 기다려야 했다.

초전도체는 전자가 쿠퍼 쌍을 이루고, 쿠퍼 쌍이 보스-아인슈타인 응축을 하는 것으로 설명된다. (참고로, 쿠퍼 쌍의 쿠퍼는 'BCS 이론'의 'C'에 해당하는 바로 그 쿠퍼다.) 이렇듯 BCS 이론은 크게 두 부분으로 이루어진다. 즉, (1) 전자가 결합해 쿠퍼 쌍을 이루는 과정에 대한 설명과 (2) 쿠퍼 쌍의 보스-아인슈타인 응축 상태를 기술하는 파동 함수의 구축이다.

먼저, 첫 번째 부분부터 들여다보자. 일반적으로 전자는 쿨롱 상호작용으로 서로 강하게 밀어낸다. 따라서 전자끼리 서로 결합하려면 쿨롱 상호작용을 넘어서는 특별한 메커니즘이 필요하다. BCS 이론은 전자들이 고체의 뼈대를 이루는 원자들의 배열, 즉 격자가 출렁거리기 때문에 서로 결합할 수 있다고 말한다. 물리학자들이 흔히 표현하듯이, 전자는 격자가 출렁거려서 생기는 포논^{phonon}을 서로 주고받으며 끌어당길 수 있다.

이는 4장에서 설명한 힘의 메커니즘과 비슷하다. 기억을 되살려 보면, 전자기력은 입자들이 광자라는 매개체를, 약력은 W^+, W^-, Z^0 보손이라는 매개체를, 강력은 글루온이라는 매개체를 주고받으면서 생기는 힘이다.

전자들이 포논을 주고받음으로써 서로 끌어당긴다는 점을 보다 쉽게 설명하면 다음과 같다. 거칠게 말해, 고체는 양의 전하를 지니는 원자들이 규칙적인 격자를 이루고, 그 격자 위에서 음의 전하를 지니는 전자들이 자유롭게 흘러 다니는 바다와 같다. 그리고 이는 다름 아닌 페르미 바다다.

그런데 전자가 움직여 다니면, 그 주변의 격자 구조를 아주 미세하게 찌그러뜨린다. 그리고 전자는 가볍기에 빠르게 움직이지만, 원자는 무겁기에 찌그러진 격자 부분이 빠르게 원상 복구되지 않는다. 그런데 찌그러진 격자 부분에는 주변보다 조금 더 많은 양의 전하가 몰린다. 때마침 주변을 지나가는 전자가 바로 이 부분에 이끌리는 것이다. 결국, 최초의 전자와 때마침 주변을 지나가는 전자는 유효적으로 서로 끌어당기게 된다. 아주 미세하더라도, 이 약간의 끌어당기는 힘이 바로 전자를 쿠퍼 쌍으로 묶어주는 힘이다.

BCS 이론의 두 번째 부분은 이른바 'BCS 파동 함수'의 구축이다. BCS 파동 함수는 형식적으로는 매우 간단하다.

$$\Psi_{BCS} = \mathcal{A}[\phi(r_1, r_2)\phi(r_3, r_4)\cdots\phi(r_{N-3}, r_{N-2})\phi(r_{N-1}, r_N)]$$

여기서 $\phi(r_i, r_j)$는 i번째와 j번째 전자들로 이루어진 쿠퍼 쌍을 기술하는 파동 함수다. $\mathcal{A}$는 N개의 전자들 가운데 임의로 2개의 전자를 뽑아 서로 교환하고, 그렇게 해서 얻어지는 새로운 파동 함수에 음의 부호를 붙인 다음, 모든 가능한 경우를 더하는 연산자다. $\mathcal{A}$는 전문적으로 '반대칭화antisymmetrization 연산자'라고 한다. 반대칭화 연산자가 필요한 이유는 전자가 페르미-디랙 통계를 따르기 때문이다.

BCS 파동 함수의 핵심은 모든 쿠퍼 쌍의 파동 함수가 정확히 단 하나의 파동 함수인 $\phi(r_i, r_j)$로 주어진다는 것이다. 이 단 하나의 파동 함수는 크기뿐만 아니라 위상도 하나로 고정된다. 그리고 위상이 고정된다는 것은 게이지 대칭성이 깨진다는 것을 의미한다.

앞서 게이지 대칭성의 깨짐은 전하량 보존 법칙을 무너뜨린다고 했다. 그런데 게이지 대칭성의 깨짐은 파괴를 의미하지 않는다. 게이지 대칭성의 깨짐은 우리가 존재하는 데 반드시 필요한, 굉장히 중요한 어떤 것을 만들어 낸다. 바로 질량이다.

· ·· 힉스 메커니즘 ··· ·

BCS 이론은 평균장 이론이다. 그 이유를 간단히 살펴보자. 초전도체는 쿠퍼 쌍이 보스-아인슈타인 응축을 하면서 발생한다. 그런데 BCS

이론에서는 쿠퍼 쌍이 형성되자마자 보스-아인슈타인 응축이 발생한다. 결국, 초전도체가 발생하는 임계 온도는 임의의 전자 2개가 결합해 쿠퍼 쌍을 형성하는 온도다. 이는 어떤 전자가 쿠퍼 쌍을 형성하면, 나머지 모든 전자가 동시에 서로 짝을 찾아 정확히 똑같은 쿠퍼 쌍 상태를 이룬다는 것을 뜻한다. 다시 말해, 쿠퍼 쌍이라는 평균적으로 잘 정의된 상태를 중심으로 모든 전자가 동일하게 행동한다. 이러한 현상은 마치 이징 모형의 평균장 이론에서 질서 변수라는 잘 정의된 스핀의 평균값을 중심으로 모든 스핀이 동일하게 정렬하는 것과 비슷하다.

기억해 보면, 이징 모형의 평균장 이론에서 상전이는 란다우 자유에너지가 단일 우물 구조에서 이중 우물 구조로 변하면서 일어난다. 초전도체를 기술하는 평균장 이론인 BCS 이론에서도 란다우 자유에너지는 이징 모형의 경우와 비슷하게 다음과 같이 쓰인다.

$$f_L = a|\phi|^2 + \frac{b}{2}|\phi|^4$$

여기서 임계점을 결정하는 계수 a는 다음과 같이 주어진다.

$$a = \alpha \frac{T - T_c}{T_c}$$

여기서 α는 구체적인 값이 중요하지 않은 양의 비례 상수다. 비슷하게, b도 구체적인 값은 중요하지 않은 양의 상수다.

초전도체를 위한 란다우 자유에너지에서 질서 변수 ϕ는 기본적으로 쿠퍼 쌍을 기술하는 파동 함수다. 파동 함수는 복소수이므로 질서 변수 ϕ는 크기와 위상을 지닌다. 즉, 초전도체를 위한 란다우 자유에너지는 복소수로 이루어진 2차원 평면 위에서 정의되는 함수다.

그림 17을 통해 알 수 있듯이, 온도가 임계 온도보다 높으면, 즉 $a>0$이면 란다우 자유에너지는 단일 우물 구조를 지닌다. 반면 온도가 임계 온도보다 낮으면, 즉 $a<0$이면 란다우 자유에너지는 이중 우물 구조를 지닌다. 초전도체의 경우에 란다우 자유에너지의 이중 우물 구조는 정말로 멕시코 모자의 모습을 띤다.

초전도체를 위한 질서 변수가 보통의 파동 함수와 매우 다른 점도 있다. 먼저, 파동 함수의 제곱으로 주어지는 확률은 절대로 사라지지 않는다. 즉, 확률의 전체 합은 항상 1이다. 반면, 쿠퍼 쌍은 전자의 결합 여부에 따라 생기기도 하고 없어지기도 한다. 따라서 엄밀히 말해, $|\phi|^2$은 확률보다는 쿠퍼 쌍의 밀도라고 보아야 한다.

이징 모형에서 스핀의 평균값이 유한해지면 자석이 발생하듯이, 쿠퍼 쌍의 밀도가 유한해지면 초전도체가 발생한다. 그리고 쿠퍼 쌍의 밀도는 란다우 자유에너지를 최소화하는 조건으로부터 결정된다.

$$|\phi| = \sqrt{\frac{\alpha}{b}\frac{T_c - T}{T_c}}$$

참고로, 란다우 자유에너지의 최소점은 멕시코 모자에 머리가 들어가는 입구를 따라 원의 궤적을 이룬다. 이 공식은 온도가 임계 온도보다 낮을 때 쿠퍼 쌍의 밀도가 유한하다고 말해준다. 특히, 쿠퍼 쌍의 밀도는 임계점 근처에서 온도의 제곱근에 비례하는데, 이는 평균장 이론의 일반적인 성질이다.

그런데 쿠퍼 쌍의 밀도가 유한해지면 매우 특별한 일이 발생한다. 빛이 무거워지는 것이다. 그리고 빛이 무거워지는 원리가 그 유명한 힉스 메커니즘이다. 사실, 힉스 메커니즘은 원래 하나의 힘이었던 전자기약력이 전자기력과 약력이라는 두 힘으로 갈라질 때 관여하는 원리로 4장에서 이미 암시되었다.

게이지 이론에 따르면, 전자기력은 광자를 주고받으면서 생기고, 약력은 W^+, W^-, Z^0 보손이라는 세 종류의 입자를 주고받으면서 생긴다. 그런데 앞서 설명하지 않았지만, 사실 게이지 이론에는 아주 심각한 문제가 하나 숨어 있다. 바로 게이지 대칭성을 유지하기 위해서는 게이지 보손이 질량을 가질 수 없다는 점이다.

광자는 질량이 없으므로 괜찮다. 문제는 W^+, W^-, Z^0 보손이다. 약력을 매개하는 이 게이지 보손들은 질량을 가지고 있다. 그런데 게이지 보손은 원칙적으로 질량을 가질 수 없다. 그렇다면 어떻게 게이지 대칭성을 깨뜨릴 수 있을까?

그런데 게이지 대칭성의 깨짐, 어딘지 익숙하지 않은가? 그렇다. 앞 절에서 초전도체가 게이지 대칭성을 깨뜨린다고 했다. 그렇다면 초전도체 안에서는 게이지 보손이 질량을 가질 수도 있지 않을까? 그렇다. 정말 그럴 수 있다. 초전도체 안에서는 게이지 보손의 대표

주자, 광자가 질량을 가질 수 있다. 즉, 빛이 무거워지는 것이다. 그런데 빛이 무거워진다는 것은 빛이 멈춘다는 것을 의미한다.

빛이 멈춘다는 것이 도대체 무슨 뜻일까? 상대성이론에 따르면 빛의 속도는 항상 일정하지 않은가? 결론부터 말하면, 빛의 속도는 빛이 질량을 가지지 않을 때만 일정하다. 빛이 무거워지면 빛도 멈춘다.

빛이 무거워지는 상황을 이해하기 위해 다시 한번 미어캣의 비유를 들어보자. 앞에서는 미어캣이 무서워하는 포식자가 미어캣 무리로 접근하는 상황을 떠올렸다면, 이번에는 반대로 미어캣이 좋아하는 먹이인 딱정벌레가 어쩌다 우연히 미어캣 무리 안으로 굴러 들어오는 상황을 상상해 보자.

딱정벌레가 굴러 들어오자 미어캣들은 그것을 먹으려고 딱정벌레 주변에 하나둘 몰려든다. 시간이 지날수록 더 많은 미어캣들이 딱정벌레를 에워싸자, 재빠르게 움직이던 딱정벌레는 앞으로 나아가는 것이 점점 힘들어진다. 결국, 딱정벌레는 미어캣들에 의해 완전히 에워싸여 전혀 움직일 수 없게 된다.

중요한 것은 모든 미어캣이 딱정벌레가 굴러 들어왔다는 것을 확인할 필요가 없다는 점이다. 포식자가 없어도 모든 미어캣이 한 방향을 쳐다보듯이, 어떤 미어캣 한 마리가 무엇에 홀려 한쪽으로 달리면 그 주변의 다른 미어캣들도 이유를 모른 채 같은 방향으로 달리게 되는 것이다. 그리고 미어캣들의 이러한 집단행동이 하나의 덩어리를 이루어 딱정벌레를 에워싸는 것이다.

자, 미어캣은 쿠퍼 쌍이고, 딱정벌레는 광자다. 광자가 초전도체 안으로 들어오면 쿠퍼 쌍은 광자 주변으로 몰려들어 광자를 에워싼다. 이렇게 에워싼 쿠퍼 쌍 덩어리로 인해, 광자는 점점 느려지다가 결국에는 완전히 멈춘다. 그런데 광자가 멈춘다는 것은 어느 지점부터 빛이 없어진다는 뜻이다. 빛은 전자기장이다. 따라서 이는 전자기장이 초전도체 안으로 깊이 파고들 수 없다는 것을 의미한다.

사실, 엄밀히 말해서, 전자기장은 일반적으로 보통의 도체 안으로도 깊이 파고들 수 없다. 전자기 차폐electromagnetic shielding라는 효과 때문이다. 먼저, 전기장은 전류를 야기함으로써 도체 안의 전자들을 재배치할 수 있다. 그런데 재미있게도, 재배치되는 전자의 분포는 외부에서 걸린 전기장을 정확히 상쇄시켜 내부에 아무런 전기장이 걸리지 않는 방식으로 정렬된다. 물론, 이는 도체의 저항이 충분히 작아서 전자들이 전기장에 즉각적으로 반응한다는 가정하에서 그렇다. 따라서 전기장은 도체에 의해 상당 부분 차폐된다.

반면, 자기장의 차폐에는 작은 제약이 있다. 보통의 도체에서 자기장은 시간에 따라 변할 때만 차폐될 수 있다. 시간에 따라 변하는 자기장은 이른바 '맴돌이 전류eddy current'라는 것을 발생시킨다. 간단히 말해서, 맴돌이 전류란 전류가 소용돌이치는 것이다. 전기장의 경우와 비슷하게, 이 맴돌이 전류도 외부에서 걸린 자기장을 상쇄시킨다.

참고로, 철망 안에 들어가면 시간에 따라 변하는 외부 전자기장을 막을 수 있다. 이를 처음 발견한 과학자는 다름 아닌 전자기 유도 법칙으로 유명한 패러데이다. 철망으로 전자기파를 차폐하는 장치를 '패러데이 우리Faraday cage'라고 한다.

자, 이제 전자기 차폐와 관련해 마지막 남은 경우는 시간에 따라 변하지 않는 정적인 자기장이다. 정적인 자기장은 보통의 도체로는 막을 수 없다. 정적인 자기장을 막기 위해서는 초전도체가 필요하다. 전문적으로, 정적인 자기장이 초전도체 안으로 파고들 수 없는 현상을 '마이스너 효과Meissner effect'라고 한다. 자기장이 초전도체가 발생하기 전에 이미 걸려 있었다면, 자기장은 온도가 임계 온도 이하로 내려가는 순간 초전도체 밖으로 밀려난다.

자기장이 밀려나는 것은 마치 초전도체 내부에 외부 자기장을 상쇄하기 위해 반대 극성을 가지는 일종의 전자석이 형성되는 것과 같다. 특히, 외부 자기장이 어떻게 바뀌더라도 초전도체 내부에는 그에 대응해 정확히 반대 극성을 가지는 전자석이 형성된다.

그렇다면 이때 작은 초전도체를 큰 자석 위에 올려놓으면 어떤 일이 일어날까? 놀랍게도, 작은 초전도체가 큰 자석 위에서 공중 부양한다. 반대로, 작은 자석을 큰 초전도체 위에 올려놓아도 자석이 공중 부양한다. 실제로 이 효과를 이용해 자기부상열차를 만들 수 있다.

재미있게도, 영화 〈아바타Avatar〉에는 공중을 떠다니는 할렐루야산들이 등장한다. 영화에서 할렐루야산이 공중을 떠다니는 이유는, 그 지역의 돌이 '언오브타늄'이라는 가공의 물질을 많이 함유하고 있는데 그것이 바로 초전도체이기 때문이다. (참고로, 초전도체에 관한 설명은 〈아바타〉의 확장판에 나온다.) 이렇게 언오브타늄을 많이 함유한 산들이 '플럭스 소용돌이'라는 자기장이 매우 센 지역에 위치하면 공중을 떠다니게 되는 것이다. 주인공인 제이크 설리는 다음과 같이 말한다.

"일종의 자기 부상 효과.

언오브타늄이 초전도체라서 그렇다던데…"

그렇다. 영화 〈아바타〉의 줄거리를 지탱하는 가장 중요한 배경은 마이스너 효과인 것이다!

전자기약력을 전자기력과 약력으로 갈라지게 하는 힉스 메커니즘은 광자가 질량을 가지게 되는 마이스너 효과와 기본적으로 정확히 같은 메커니즘이다. 쿠퍼 쌍은 자발적 대칭성 깨짐을 통해 유한한 평균값을 가진 다음, 광자와 상호작용 함으로써 광자에게 질량을 줄 수 있다. 비슷하게, 힉스 입자$^{Higgs\ particle}$라는 입자는 자발적 대칭성 깨짐을 통해 유한한 평균값을 가진 다음, W^+, W^-, Z^0 게이지 보손과 상호작용 함으로써 그것들에 질량을 줄 수 있다.

아직 끝이 아니다. 이쯤에서 더욱더 재미있는 일이 일어난다. 사실, W^+, W^-, Z^0 게이지 보손뿐만 아니라 우리가 아는 모든 페르미온의 질량도 궁극적으로 힉스 입자와 상호작용 함으로써 얻어진다. 결론적으로,

게이지 보손과 페르미온을 망라하는 우주의 모든 입자는

힉스 입자로부터 질량을 얻는다.

힉스 입자는 정말 별명대로 '신의 입자$^{god\ particle}$'인 것이다.

·˙·˙ 아낌없이 주는 양자역학 ·˙·˙

지금까지 이 책에서 설명한, 양자역학이 우리에게 준 모든 것을 생각해 보자.

* 양자역학은 파동 함수의 공명을 통해 원자를 안정시킨다.
* 양자역학은 게이지 대칭성을 통해 힘의 원리를 제공한다.
* 양자역학은 카오스와 결합해 열역학 제2법칙을 발생시킨다.
* 양자역학은 자발적 대칭성 깨짐을 통해 우주의 모든 입자에 질량을 부여한다.

결국, 양자역학은 우리가 존재하는 데 필요한 거의 모든 것을 준다. 구체적으로, 파동 함수의 존재는 그 자체로 힘의 원리를 제공한다. 이 힘을 통해 입자들은 원자를 이룬다. 그런데 원자가 안정되려면 파동 함수가 공명을 일으켜야 한다. 파동 함수가 공명을 일으키는 방식은 슈뢰딩거 방정식이라는 파동 방정식에 의해 기술된다. 파동 함수가 공명을 일으켜 안정된 원자들은 한데 뭉쳐 물질을 만든다. 그리고 이러한 물질로부터 우주의 모든 것이 만들어진다.

그러나 물질은 처음 만들어진 상태 그대로 영원히 존재할 수 없다. 열역학 제2법칙에 따라 엔트로피가 증가하기 때문이다. 즉, 모든 물질은 항상 무질서도가 증가하는 방향으로 진화한다. 언뜻 보기에, 열역학 제2법칙은 우리의 존재를 방해하는 악당이다. 하지만 곰곰이 생각해 보면, 열역학 제2법칙은 우리가 단순히 결정론적으로 행동하는 기계가 아니라 자유의지를 가지는 인간으로 존재할 수 있도록 그 가능성을 열어준다.

그런데 여기서 양자역학이 묘하게 개입한다. 열역학 제2법칙은 근본적으로 양자역학이 카오스와 결합해 발생한다. 열역학 제2법직에 의해 열린 자유의지의 가능성은 자발적 대칭성 깨짐이라는 원리를 만나 실제로 구현된다. 자발적 대칭성 깨짐은 새로운 질서를 발생시킨다. 예를 들어, 이 새로운 질서는 고체와 자석과 같이 국소적으로 엔트로피를 낮추는 방향으로 초기 조건을 재설정한다.

그런데 여기서 예상치 못한 묘한 일이 또 한 번 발생한다. 자발적 대칭성 깨짐이 게이지 대칭성에 대해서도 일어나는 것이다. 게이지 대칭성의 자발적 깨짐은 힉스 메커니즘을 통해 우주의 모든 입자에 질량을 부여한다.

질량은 입자의 가장 기본적인 성질 가운데 하나다. 우리는 그동안 슈뢰딩거 방정식을 쓸 때 아무런 의심 없이 질량이라는 개념을 사용해 왔다. 물론, 질량은 고전적인 뉴턴의 운동 법칙에도 존재한다. 하지만 질량의 존재는 그리 당연하지 않았다. 다행히 양자역학은 질량이 존재할 수 있는 근거를 마련해 준다.

다시 한번, 양자역학은 우리 존재에 필요한 거의 모든 것을 준다.

이어지는 이야기

And the story continues

우연과 필연, 우주는 어느 것에 의해 돌아갈까?

대니 보일Danny Boyle이 감독하고 2009년 아카데미 작품상을 수상한 〈슬럼독 밀리어네어Slumdog Millionaire〉라는 영화가 있는데, 이 영화를 시작으로 우연과 필연에 대해 이야기해 보자.

인도 뭄바이의 빈민굴 출신인 무슬림계 18세 청년, 자말 말릭은 인도판 '누가 백만장자가 되고 싶은가?'라는 퀴즈 쇼에 참가한다. 짧게 '백만장자'로 불리는 이 퀴즈 쇼는 참가자가 쉬운 문제에서 시작해 어려운 문제까지 한 단계씩 퀴즈를 푸는 방식으로 진행된다. 한 단계씩 올라갈 때마다 상금이 늘어나며, 마지막 단계까지 모든 문제를 풀면 인도 돈으로 2,000만 루피를 타게 되는 퀴즈 쇼다.

자말은 빈민굴에서 자랐을 뿐만 아니라 어렸을 때 일어난 봄베이 폭동으로 어머니를 잃었기에, 별다른 교육을 받지 못했다. 하지만 그런 그가 매번 백만장자 퀴즈 문제를 정확히 맞히자, 퀴즈 쇼의 진행자는 자말이 퀴즈 쇼를 대상으로 사기를 치고 있다고 의심하기 시작한다. 2,000만 루피가 걸린 최종 단계만을 앞둔 전날 밤, 자말은 경찰에 넘겨져 고문을 받는다. 퀴즈 쇼의 진행자가 벌인 일이었다. 그리고 사기를 자백받기 위해 고문하는 경찰에게 자말은 믿기 힘들지만 놀라운 비밀을 털어놓는다.

비밀은, 그때까지 출제된 모든 퀴즈가 자말이 결코 잊을 수 없는 인생의 어느 특별한 순간들과 묘하게 연결되어 있었다는 점이다. 예를 들어, 자말의 어머니는 봄베이 폭동이 일어났을 때, 힌두교 폭도가 휘두른 몽둥이에 머리를 맞아 죽었다. 어머니가 죽는 모습에 충격받을 틈도 없이, 자말은 살기 위해 도망쳐야 했다. 그렇게 폭도들을 피해 빈민굴의 좁은 골목을 내달리던 자말은 힌두교의 라마 신으로 분장한 어느 소년을 마주친다. 소년은 눈이 시릴 만큼 새파란 색으로 온몸을 칠하고 있었으며, 오른손에는 활과 화살을 쥐고 있었다.

그런데 백만장자 퀴즈 쇼에서 1만 6,000루피가 걸린 문제가 바로 '라마 신이 오른손에 들고 있는 물건은 무엇인가?'라는 질문이었던 것이다. 무슬림 신자였고 교육도 제대로 받지 못한 자말이 이 퀴즈를 맞힐 수 있었던 유일한 이유는 어머니가 죽던 그날의 아수라장에서 본, 그날 일어난 상황과 전혀 어울리지 않았던 어느 라마 신의 모습이었다.

모든 퀴즈가 인생의 결정적인 순간들과 서로 얽혀 있다는 이야기는 그야말로 극적이다. 다른 관객 못지않게 이 극적인 이야기에 깊은 감동을 받고, 나는 이 영화에 내가 왜 그토록 감동을 받았는지 스스로 곱씹어 보았다.

　운명적인 것은 언제나 감동적이다. 처음에 자말의 운명은 여러 조각들로 쪼개져 그의 인생에 차곡차곡 복선으로 깔려 있었다. 그리고 그러한 주각들은 전혀 예상하지 못한 때와 장소에서 한데 모여 의미를 갖는다. 사실, 이렇게 복선의 도움으로 운명이 완성되는 이야기는 흔하다. 그렇다면 〈슬럼독 밀리어네어〉의 이야기가 그토록 극적이었던 이유는 무엇일까?

　그 이유는 정말이지 아이러니하게도, 복선들과 운명 사이에 개연성이 없기 때문이다. 퀴즈 쇼의 출제 문제들은 무작위적으로 선정되기에, 이러한 문제들이 모두 자말의 인생의 어느 특별한 순간들과 연결될 확률은 0에 가깝다. 정말 묘하다. 결국 우리는 완벽한 우연들이 모여 필연적인 운명이 만들어진다는 이야기에 감동을 받은 것이다.

　이 상황을 과학적인 관점에서 다시 한번 생각해 보자. 물리학을 포함한 모든 과학의 세계관은 기본적으로 결정론적이다. 즉, 우주에서 일어나는 모든 일은 초기 조건에 따라 미리 결정되어 있다. 이러한 결정론에 우리는 숨이 막힌다. 그런데 운명이라는 단어에는 숨이 막히지 않을 뿐만 아니라, 앞서 보았듯이 오히려 감동을 받는다. 결정론은 숨 막히지만 운명은 감동적으로 느낀다는 것인데, 아이러니가 아닐 수 없다. 우리는 왜 그러는 것일까?

　운명은 단순히 결정론이 아니다. 그리고 거칠게 말해, 결정론의 반대말은 자유의지다. 그러나 운명이 자신의 의지대로 자유롭게 결정하는 것도 아니다. 많은 이들이 운명은 자기가 만들어 가는 것이라고 말하지만, 과학적 결정론에 따르면 자유의지는 착각에 불과할지 모른다. 이와 관련해 17세기의 네덜란드 철학자 스피노자Baruch de Spinoza는 다음과 같이 말했다.

> "자신의 의견을 자유롭게 가질 수 있다고 믿는 것은 실수다.
> 사람들은 자신의 행동을 인지하지만,
> 그것을 결정한 원인에 대해서는 무지하기 때문이다."

이 책에서는 스피노자와 다르게 과학적 결정론이 자유의지와 서로 모순되지 않는다는 것을 보이고자 했다. 이러한 바람에도 불구하고, 결정론과 자유의지의 문제를 이 책에서 완벽하게 해결할 수는 없을 것이다. 하지만 한 가지는 분명하다. 운명이란 단순히 결정론이나 자유의지가 아니라, 우연과 필연의 절묘한 교차점에 존재하는 그 무엇이라는 것이다.

누구나 그렇겠지만, 생각해 보면 내 인생도 우연과 필연이 절묘하게 교차한 결과다. 특히, 이 책을 쓰는 동안 이를 더 없이 깊이 경험했다. 마치 〈슬럼독 밀리어네어〉에서처럼, 이 책에서 이야기한 주제들이 그동안 내 인생에서 일어났던 일들과 묘하게 연결되어 있다는 사실을 깨달았기 때문이다. 다음이 내 인생 곳곳에 깔려 있던 복선들과 각 장에서 다루어진 주제들의 관계다.

*가난 들어가는 글에서 이야기했듯이, 우리 집은 무척이나 가난

했다. 어린 마음에 나는 사회에 가난이 생기는 이유를 알고 싶었다. 그리고 가난을 없애고 싶었다. 보통 이런 궁금증을 가진 학생들은 사회학자나 경제학자의 꿈을 꿀 것이다. 그런데 엉뚱하게도, 나는 사회의 동역학을 아주 엄밀하게 예측하고 싶었다. 그리고 그러기 위해, 이른바 '정밀 과학'이라고 불리는 물리학을 공부해야겠다고 생각했다. 묘하지만, 이것이 내가 물리학을 전공하기로 마음먹은 이유다.

* **기로** 1장에서 기로에 대해 이야기했다. 되돌아보면, '바로 이 순간이 내 인생의 흐름이 바뀌는 기로이구나' 하는 느낌을 받았던 때가 여럿 있었다.

고등학교 때 어떤 책 하나를 읽고 물리학을 전공하기로 마음먹은 순간, 미국으로 유학을 떠난 순간, 아내를 만난 순간, 다시 한국으로 돌아오기로 결심했던 순간, 고등과학원 교수로 임용된 순간, 아들 태인이 태어난 순간, 웹진 《HORIZON》에 「믿기 힘든 양자Incredible Quantum」 시리즈를 처음 실은 순간, 미국 보스턴에서 안식년을 보내며 이 책의 초고를 쓰기 시작한 순간, 이 모든 순간은 그 후에 어떤 일이 벌어질지 확실히 알 수는 없지만 인생의 매우 중요한 기로라는 점을 분명히 느낄 수 있었다.

* **영화** 나는 영화를 무척 사랑한다. 영화를 향한 사랑은, 어렸을 적 매우 인상 깊게 본 두 편의 영화에서 시작되었다. 5장에서 소개한 〈시네마 천국〉과 7장에서 이야기한 〈블레이드 러너〉다. 이 두 영화 때

문에 나는 물리학자가 되기 전에 영화 평론가가 되고 싶었다. 사실 〈시네마 천국〉과 〈블레이드 러너〉는 영화의 메시지부터 미장센까지 어느 하나 같은 것이 없는 서로 전혀 다른 영화다. 그런데 이상하게 도 두 영화는 나에게 똑같이 강한 인상을 남겼다. 아직도 두 영화를 처음 보았던 순간을 정확히 기억한다.

 * **사랑** 물리학이 매력적으로 다가온 가장 큰 이유는 물리법칙의 불변성 때문이었다. 3장에서 물리법칙의 불변성과 사랑의 가변성에 대해 이야기했다. 나 역시 인생에서 몇 차례에 걸쳐 심한 사랑앓이를 했다. 그럴 때마다 〈봄날은 간다〉의 상우처럼 진정한 사랑은 변하는 것이 아니라고 생각했다. 그래서 슬펐다.

 하지만 되돌아보면, 사랑은 법칙이 아니라 상태다. 물리법칙이 불변이어도 물질의 상태는 변할 수 있는 것처럼, 사랑도 변할 수 있다. 다행히 여기에도 불변의 법칙은 있다. 사랑이 변하든 변하지 않든, 우리는 사랑을 통해 성숙한다는 점이다.

 * **철학** 어렸을 때 나의 꿈 가운데 하나는 철학자였다. 대학교에서 물리학을 전공하는 동안에도 그 꿈은 마음 한편에 자리 잡고 있었다. 그래서 어느 학기에는 철학 수업을 듣기로 결심했다. 기본부터 착실 하게 시작하고자, 철학 개론을 신청해 한 학기 동안 열심히 들었다. 보통의 경우처럼, 개론 수업은 고대 그리스 철학에서 시작해 근대 독일 철학까지 주요 철학 사상의 기본 아이디어를 개괄적으로 다루었다.

그런데 철학에 나름 관심을 가지고 여러 가지 철학적 생각을 깊이 해봤다는 자부심에도 불구하고, 형편 없는 학점을 받았다. 철학자의 꿈을 꾸는 사람으로서 자존심에 크게 금이 갔다. 그래서 철학 개론을 한 번 더 듣기로 했다. 새로운 개론 수업은 이전과 달랐다. 담당 교수님은 프랑스에서 박사 학위를 받고 귀국한 지 얼마 안 된 젊은 교수님이었다. 그리고 이전과 달리, 강의는 한 철학자의 사상을 집중적으로 다루었다. 바로 베르그송이었다.

　　베르그송의 철학은 이제 막 물리학을 전문적으로 배우기 시작한 물리학도에게 신선한 충격을 주었다. 베르그송에 의하면, 존재는 한 상태에 머물러 있는 것이 아니라 끊임없이 자기 자신을 재창조하는 과정이다. 그리고 존재는 이러한 과정을 통해 진화한다. 이 과정이 지속이고, 지속이 유지되는 동안에만 진정한 의미에서 시간이 흐른다. 시간은 베르그송의 철학에서 가장 핵심적인 개념이다. 이는 공간과 전혀 다를 바 없는 좌표로서의 시간, 즉 물리학적 시간 개념과 대조적이다. 아인슈타인의 상대성이론에 따르면, 시간과 공간은 아예 시공간이라는 하나의 개념으로 묶인다. 아인슈타인의 상대성이론과 베르그송의 철학을 우연히도 거의 동시에 배우며, 시간의 의미에 대해 깊은 관심을 가지게 되었다. 이 책도 그러한 관심의 산물이다.

　　*시계 6장에서는 존 해리슨이라는 영국 시계공의 평생에 걸친 정밀 시계 제작의 꿈에 대해 이야기했다. 나도 어렸을 때부터 줄곧 시계에 깊이 매료되어 있다.

나는 기계식 시계가 작은 우주와 같다고 생각한다. 어찌 보면, 기계식 시계는 물리학자들이 상상할 수 있는 완전무결한 우주의 근사한 축소판이다. 기계식 시계에는 태엽에 의해 발생하는 힘이 있고, 평형 바퀴라는 물질의 공명이 있다. 이러한 태엽의 힘과 평형 바퀴의 공명은 탈진기를 통해 서로 연결된다. 무엇보다, 이 모든 것은 톱니바퀴라는 정확한 인과관계에 의해 맞물려 돌아간다. 물리학자로서 어떻게 기계식 시계를 안 좋아하고 배길 수 있겠는가?

불행히도, 기계식 시계는 1970년대와 1980년대에 이른바 '쿼츠 위기'를 거치면서 몰락했다. 값싸고 더 정확한 쿼츠 시계가 상용화되었기 때문이다. 이 기간에 스위스 기계 제작자들의 3분의 2 이상이 직장을 잃었다. 하지만 이렇게 몰락해 가던 기계식 시계가 21세기에 들어서면서 화려하게 부활했다.

기계식 시계는 왜 부활했을까? 쿼츠 시계의 내부를 뜯어보면, 움직이는 것은 아무것도 찾을 수 없다. 전자회로 안에서 움직이는 전자는 물론, 석영 결정의 진동마저 맨눈으로 볼 수 없다. 우리는 오직 시곗바늘의 움직임만 관찰할 수 있다. 이는 마치 원인 없이 결과가 얻어지는 것처럼 보인다. 겉보기에는 적어도 인과관계가 끊어진 것이다. 모든 이가 물리학자들처럼 인과관계에 매료되지는 않을 것이다. 하지만 나는 모든 사람이 본능적으로 물리적 실체를 그리워한다고 생각한다. 기계식 시계가 작동하는 모습을 물끄러미 바라볼 때 느껴지는 감동이 바로 그 그리움의 증거다.

＊**운명** 어느덧 물리학 전공으로 학사 학위를 받고 대학원에 진학할 때가 되었다. 고등학교 때부터 줄곧 물리학자가 되는 것을 꿈꾸었기에 대학원에 진학하는 것은 자연스러운 수순이었다. 다만, 방대한 물리학에서 어떤 세부 분야를 전공할지가 고민이었다. 학부 때까지는 양자역학의 정통성을 계승한 분야가 입자 물리학이라고 생각했지만, 진짜 관심 있는 문제들은 입자 물리학이 아닌 다른 물리 분야에서 다루어진다는 것을 곧 깨달았다.

앞서 말했듯이, 어릴 적부터 관심을 가진 문제는 다름 아닌 '존재한다는 것은 무엇인가?' 하는 질문이었다. 베르그송의 철학에 따르면, 존재는 끊임없이 자기 자신을 재창조하는 것이다. 이는 이전에 존재하지 않았던 것이 새롭게 나타난다는 것을 의미한다. 다른 말로, 이는 창발이다. 그런데 물리 분야 가운데 창발에 관심을 가지는 분야가 있었다. 바로 응집물질물리다. 내가 응집물질물리, 특히 양자 다체 문제를 전공하게 된 것은 운명이었다.

·· ·· 양자역학의 응용, 그리고 양자 컴퓨터 ·· ·

지금까지 양자역학을 통해 우주, 그리고 그 안에서 우리 존재를 어떻게 이해할 수 있는지를 이야기했다. 참고로, 그림 18에 지금까지의 주요 내용을 모두 담았다.

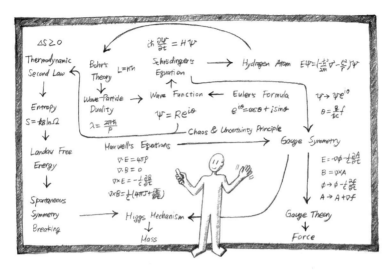

그림 18 총 정리, 안녕

무엇을 이해했다면 우리는 그것을 이용해 새로운 것을 만들 수 있다. 양자역학을 이용하면, 어떤 새로운 것을 만들 수 있을까? 사실, 양자역학이 일상생활에 이용되는 예는 많이 있다.

가장 대표적으로 레이저^{laser}가 있다. 사실, 레이저는 방사선 유도 방출에 의한 빛의 증폭$^{light\ amplification\ by\ stimulated\ emission\ of\ radiation}$이라는 뜻이다. 방사선 유도 방출에 의한 빛의 증폭, 이것이 무슨 뜻일까? 보통의 빛은 다양한 주파수를 가지며 위상이 서로 어긋나 있는 여러 전자기파들로 이루어진다. 참고로, 위상이 서로 어긋나 있는 파동을 '결어긋난^{incoherent} 파동'이라고 한다. 반면, 레이저는 단 하나의 주파수를 가지며 위상이 단 하나로 고정된 전자기파로 구성되고, 이렇게 하나의 위상으로 고정된 파동은 '결맞은coherent 파동'이라고 한다. 결맞은 전자기파의 장점은 작은 공간에 많은 양의 광자를 집중시킬 수 있다는 점이다. 다시 말해, 결맞은 전자기파는 매우 강력한 광원이 된다.

레이저가 응용되는 분야는 무수히 많다. 예를 들어, 광섬유optical fiber를 이용한 광통신, 각종 물질의 구멍 뚫기, 용접, 담금질 등과 같은 레이저 가공, 라식 수술과 같은 다양한 의료적 응용, CD, DVD, 블루레이 디스크와 같은 광디스크 장치, 그리고 최근 들어 자율주행 자동차에 이용되고 있는 라이다lidar 등이 있다.

양자역학을 응용한 또 다른 예로는 초전도체가 있다. 원칙적으로, 초전도체는 아무런 손실 없이 전류를 전송할 수 있다. 듣기만 해도 엄청난 일로 느껴진다. 다만, 아직까지 상온과 상압에서 작동하는 초전도체는 없다. 그러한 초전도체가 있다면, 이는 선력 전송 및 다양한 분야에서 획기적인 돌파구가 될 것이다. 예를 들어, 7장에서 설명한 마이스너 효과를 이용해 자기부상열차를 만드는 것이 가능하다. 물론 초전도체를 이용한 자기부상열차를 만드는 것은 지금도 가능하지만, 초전도체를 임계 온도로 유지하는 데 커다란 비용이 든다.

초전도체가 가장 활발하게 이용되는 분야는 초전도 자석이다. 간단히 말해서, 초전도체를 도선으로 이용해 솔레노이드solenoid를 만들면 매우 강력한 전자석을 만들 수 있다. 초전도 자석은 예상과 달리 일상 속에 이미 깊숙이 들어와 있다. 웬만큼 큰 병원이라면 모두 하나씩 가지고 있는 자기공명영상magnetic resonance imaging, MRI 장치가 바로 그것이다.

기초과학 분야에서 보면, 유럽입자물리연구소^{CERN}의 대형 강입자 충돌기^{Large Hadron Collider, LHC}에서도 초전도 자석은 가장 중요한 실험 장치 중 하나다. LHC의 주요 목표는 힉스 입자의 발견을 통해 힉스 메커니즘을 증명하는 것이었다. 여기서 아주 오묘한 일이 발생한다. 7장에서 설명했듯이, 힉스 메커니즘은 기본적으로 초전도체의 마이스너 효과와 같다. 결과적으로, LHC의 주요 목표는 초전도체를 이용해 초전도체의 핵심 작동 원리인 게이지 대칭성의 자발적 깨짐이 전 우주의 작동 원리와 같다는 것을 증명하는 것이었다. 어찌 보면, LHC에서 힉스 입자가 발견된 것은 우주의 운명이었던 것이다.

마지막으로, 아직 완전히 상용되지는 않았지만 최근 들어 크게 각광받는 양자역학의 매우 중요한 응용의 예가 하나 더 있다. 바로 양자 컴퓨터^{quantum computer}다. (참고로, 현재 IBM, 구글과 같은 거대 IT 기업뿐만 아니라 수많은 벤처 기업들이 양자 컴퓨터의 상업적인 개발에 집중하고 있다.)

양자 컴퓨터는 기존 양자역학의 응용들과는 조금 다른 면이 있다. 앞서 언급한 레이저와 초전도체, 그리고 언급하지는 않았지만 다른 양자역학의 응용들(반도체, LED 등)은 모두 기본적으로 양자역학적 원리에 의해 발생하는 물질의 성질을 어느 정도 수동적으로 이용하는 것이다. 보다 구체적으로 말하자면, 기존 양자역학의 응용들은 파동 함수의 위상이 하나로 정렬되는 성질을 이용하거나, 파동 함수의 위상이 보강 간섭을 일으킴으로써 발생하는 안정된 전자 구조를 이용하는 것이다. 반면, 양자 컴퓨터는 파동 함수의 위상을 능동적으로 제어하는 것이다.

무슨 의미인가? 기존의 고전적인 컴퓨터는 정보를 저장하고 처리하기 위해 0과 1이라는 비트를 이용한다. 예를 들어, 0과 1은 전자회로에서 서로 다른 전압으로 표현될 수 있다. 양자 컴퓨터는 2개의 상태로 이루어진 2준위 양자 시스템two-level quantum system을 이용해 정보를 저장하고 처리한다. 예를 들어, 두 상태 가운데 바닥 상태는 0을 나타내고, 들뜬 상태는 1을 나타낸다고 정의할 수 있다. 전문적으로, 이러한 양자역학적 비트를 '큐비트qubit'라고 한다.

중요한 사실은 양자역학적 상태가 단순히 0 또는 1이 아니라, 그 둘의 중첩 상태로 존재할 수 있다는 점이다. 따라서 큐비트가 담을 수 있는 정보의 양은 고전적인 비트에 비해 기하급수적으로 커질 수 있다. 이를 잘 이용하면, 양자 컴퓨터는 특정한 상황에서 고전적인 컴퓨터에 비해 엄청나게 빠른 연산이 가능하다.

빠른 연산 속도를 내는 양자 알고리즘의 대표적인 예로 쇼어의 알고리즘Shor's algorithm이 있다. 간단하게 말해서, 쇼어의 알고리즘은 어떤 2개의 소수prime number의 곱으로 이루어진 정수를 소인수 분해factorization 하는 알고리즘이다. 언뜻 쓸모없어 보이는 이 알고리즘은 사실 굉장히 중요하다. 현대 온라인 통신의 보안에 쓰이는 암호화, 이른바 'RSA 암호화Rivest-Shamir-Adleman encryption'가 소인수 분해가 매우 어렵다는 사실에 기반하기 때문이다. 쇼어의 알고리즘을 통해 소인수 분해를 쉽게 할 수 있게 된다면, 우리가 누리고 있는 온라인 통신의 보안은 완전히 무력화된다.

여기서 쇼어의 알고리즘을 자세하게 설명할 수는 없다. 다만, 쇼어의 알고리즘이 구현하려면 큐비트, 즉 2준위 양자 시스템의 위상을 정밀하게 제어할 필요가 있다는 점을 강조하고 싶다. 즉, 양자 컴퓨터는 파동 함수의 위상을 능동적으로 제어하는 것을 전제한다.

사실 쇼어의 알고리즘과 같이, 양자 컴퓨터는 응용 가능성을 염두에 두기 전에 순수하게 과학적인 측면에서 먼저 제안되었다. 양자 컴퓨터의 가능성을 처음 제안한 사람은 다름 아닌 리처드 파인먼이었다. 파인먼은 1981년 MIT에서 개최된 '계산의 물리에 관한 학회Conference on the Physics of Computation'에서 '컴퓨터로 물리 시뮬레이션하기Simulating Physics with Computers'라는 강연을 다음과 같은 말로 마무리했다.

"나는 고전적인 이론만 가지고 수행하는 모든 분석에 만족할 수 없습니다. 자연은, 제장, 고전적이지 않기 때문입니다. 당신이 자연에 대해 모의실험을 하고자 한다면 양자역학적으로 해야 할 것입니다. 그리고, 와, 이는 그리 쉬워 보이지 않기 때문에 아주 대단한 문제이기도 합니다."

자, 이제 드디어 이 책의 긴 여행을 마칠 때가 되었다. 짧은 감사의 말을 남기고 싶다. 이 책은 이종석 편집자님이 고등과학원의 웹진인 《HORIZON》에 연재된 「믿기 힘든 양자」를 보고 어느 날 나에게 연락을 주었기에 세상에 나올 수 있었다. 나의 관점에서 보면, 우연과 필연이 기막히게 교차한 순간이었다.

고등과학원 사무실에서 처음 만난 우리는 물리학과 영화, 그리고 인생에 대해 깊은 이야기를 나누었다. 이후로도 이 편집자님은 책이 출판되기까지 많은 영감과 도움을 주었다. 지면을 빌려 이 편집자님께 깊은 감사의 말씀을 드리고 싶다. 그리고 쉽지 않은 책의 출판을 결정해 주시고 적극적으로 지원해 주신 동아시아 출판사의 한성봉 대표님께도 심심한 감사의 말씀을 드리고 싶다.

책을 쓰는 동안 의도치 않게 적지 않은 사람들을 괴롭혔던 듯하다. 집필에 너무 집중한 나머지, 의식적으로 그리고 무의식적으로 마치 깔때기처럼 모든 대화 내용을 책의 주제들로 몰고 갔기 때문이다. 지겨웠을 텐데도 이야기를 끝까지 경청해 준 모든 분들께 감사의 말씀을 전한다.

마지막으로, 이 책의 많은 부분은 내가 2019년 미국 보스턴에서 안식년을 보내는 동안 쓰인 것이다. 나의 아들 태인과 같이 보낸 그때를 기억하며 이 책을 마친다.

찾아보기

일어날 일은 일어난다

양자역학, 창발하는 우주, 생명, 의미

초판 1쇄 펴낸날	2021년 10월 15일
초판 8쇄 펴낸날	2024년 4월 26일
지은이	박권
펴낸이	한성봉
편집	최창문·이종석·오시경·권지연·이동현·김선형·전유경
콘텐츠제작	안상준
디자인	최세정
마케팅	박신용·오주형·박민지·이예지
경영지원	국지연·송인경
펴낸곳	도서출판 동아시아
등록	1998년 3월 5일 제1998-000243호
주소	서울시 중구 필동로8길 73 [예장동 1-42] 동아시아빌딩
페이스북	www.facebook.com/dongasiabooks
전자우편	dongasiabook@naver.com
블로그	blog.naver.com/dongasiabook
인스타그램	www.instargram.com/dongasiabook
전화	02) 757-9724, 5
팩스	02) 757-9726
ISBN	978-89-6262-392-5 03400

만든 사람들

기획편집	이종석
크로스교열	안상준
디자인	박진영